U0180784

〔苏〕Б.М.凯德洛夫 —— 著

科学发现揭秘

以门捷列夫
周期律
为例

胡孚琛　王友玉 —— 译

陈筠泉 —— 校

社会科学文献出版社
SOCIAL SCIENCES ACADEMIC PRESS (CHINA)

谨以此中译本献给作者 Б. M. 凯德洛夫百年诞辰。

　　根据莫斯科科学出版社 1970 年版译出。原书直译为《伟大发现的微观剖析——献给门捷列夫发现周期律一百周年》。

Моему молодому другу,
китайскому студенту и
переводчику, во время поездки
по Китаю, философу: студенту

Чень Юн-цюань
на добрую память

25.V.1941. Б. Кедров
Москва

　　陈筠泉先生本书《中译本序》中提到的《怎样学习列宁的〈唯物主义和经验批判主义〉》一书，封面上有凯德洛夫的亲笔题词。

内容简介

　　化学元素周期律是德米特里·伊凡诺维奇·门捷列夫于1869年发现的。本书专为阐述这一自然界的基本规律的发现而作。书中的第一部分论述了这一伟大发现的准备和完成，论述了寻找定律最优表现形式的过程和定律后来的命运；在第二部分中，作者在仔细分析发现定律的方法后讲述了促使伟大学者发现新定律的思维辩证法，进而又探讨了发现过程本身的心理学"机制"；第三部分先是描述了用于发现新定律的"化学牌卦"，接着叙述了在发现非常难得的门捷列夫新的档案材料过程中对其手稿的破译解读情况。凯德洛夫为门捷列夫的"化学牌卦"编制了一个电影剧本的计划，还为周期律的发现建立纪念碑出谋划策。作者搜集到的记载苏联著名的科学家对门捷列夫致"化学卫队"这封信的反应的资料颇为有趣，充分体现了俄国化学家一脉相承的内在联系。本书最后还谈到了列宁对门捷列夫及其发现的态度和评价。

　　本书以独立篇章的形式写成，因此作者有时会回到已经探讨过的问题，希望从另一个方面加以说明。本书可供广大知识分子和对化学史、物理史、哲学以及对科学创造的逻辑学和心理学感兴趣的广大青年学生阅读之用。

Д. И. 门捷列夫像（1869）

门捷列夫档案馆入口，该馆早先曾是科学家的住宅

中译本序

  鲍尼伐基·米哈伊洛维奇·凯德洛夫（1903—1985）是苏联著名哲学家、化学家和科学技术史家。他长期从事马克思列宁主义哲学、科学技术史和科学方法论等领域中的重要研究工作。凯德洛夫知识极其渊博，学术兴趣极为宽广，勇于探索和善于开拓创新，在所从事的各个研究领域中都有独到的见解，并取得了卓越的学术成就。在 60 多年的学术生涯中，他给后人留下了极其丰富而宝贵的精神遗产，撰写和发表了 60 多部专著、800 余篇文章，成为当今世界上罕有的多产哲学家之一。

  凯德洛夫于 1903 年 12 月 10 日出生于雅罗斯拉夫尔城一个革命世家。父亲 M. C. 凯德洛夫从青年时期就献身革命，后来成为列宁的亲密战友和布尔什维克党著名的活动家。1918 年 12 月，年仅 15 岁的凯德洛夫自己也经列宁的妹妹玛·伊·乌里扬诺娃等人介绍，光荣地加入了俄共（布）。

  凯德洛夫 1930 年毕业于莫斯科大学化学系。1931 年，他考取了苏联科学院普通化学和无机化学研究所的研究生。1935 年，凯德洛夫把他研究"吉布斯佯谬"所获得的成果加以概括总结，写成题为《论吉布斯佯谬》的学位论文，通过答辩，获得了化学副博士学位。他的学位论文受到了 H. C. 库尔纳科夫院士的高度评价。1941 年 6 月，第二次世界大战的战火燃烧到苏联，凯德洛夫毅然投笔从戎，奔赴疆场。他参加了莫斯科保卫战并在战斗中负伤。1945 年 5 月，第二次世界大战在欧洲结束，凯德洛夫因伤病复员，为了弥补失掉的时间，他如饥似渴地学习和工作。1946 年，他在研究科学史分期问题的同时，以《道尔顿的原子论及其哲学意义》为题进行博士学位论文答辩，以优异成绩取得了博士学位。

战后，凯德洛夫到苏联科学院哲学研究所工作，曾任该所副所长和自然科学哲学问题部主任。

1947 年 6 月，联共（布）中央召集有全苏主要哲学家参加的讨论会，对格·费·亚历山大洛夫《西欧哲学史》一书进行讨论。会上，凯德洛夫在指出《西欧哲学史》一书的缺点的同时，也站在更高的角度向大会提出首先应解决哲学研究（包括哲学史研究）的方法论问题。他说："我们应该学会从马克思主义的精神实质出发而不只是援引某个信手拈来的引文来表达我们自己的思想，我们应学会创造性地发挥这些思想。"（《哲学问题》1947 年第 1 期）

在这个讨论会上，凯德洛夫还提出一个建议，希望联共（布）中央能批准创办一本专门的哲学杂志，使哲学家们有发表自己研究成果和开展学术讨论的阵地。几经周折之后，斯大林同意了，但他说，既然哲学家们那么想有自己的杂志，那就应当批准他们的要求，不过要提醒他们不要忘了：他们自己要负责到底，而且要用自己的脑袋担保。（《哲学问题》1988 年第 4 期）凯德洛夫 1973 年在回忆这段历史时说："当我们得知中央委员会批准我们创办这样一本新杂志（定名为《哲学问题》）时，我们欣喜异常。我被任命为第一任主编。我是以多么高的积极性担当这项领导工作的呀！"（《哲学问题》1973 年第 12 期）

当时凯德洛夫怀着极大的热忱投入杂志的编辑工作，他为《哲学问题》创刊号（1947年7月31日签字付印）写了发刊词，强调要"生动活泼地、勇敢地、创造性地探讨苏联哲学的迫切问题"，倡导开展创造性的争论和进行批评与自我批评。为了活跃学术空气，开拓新的研究领域，凯德洛夫在1947年《哲学问题》第2期上发表了莫·阿·马尔科夫《论物理知识的本性》、泽·阿·卡敏斯基《论18和19世纪俄国唯物主义哲学传统问题》和伊·伊·施马尔豪森《现代生物学中的整体性观念》三篇探索性文章，意在引起讨论。但他万万没有想到，新杂志只办了两期就出了问题。凯德洛夫和自己主编的杂志很快就成为《真理报》《文学报》《文化与生活报》以及哲学界头面人物围攻的对象，遭到了粗暴批判。他们指责凯德洛夫在哲学上犯了"反马克思主义"的严重错误，即所谓"搬运世界主义思想"，搞民族文化、虚无主义，抹杀先进的俄国文化传统和伟大成就，"危害最神圣的马克思列宁主义的世界观"。此外，还指责他崇拜外国"权威"，宣传海森堡、玻尔和薛定谔的唯心主义；说他"在唯物主义反对生物学的唯心主义的斗争中抱错误态度"，鼓吹"反动"的魏斯曼—摩尔根遗传学说；等等。凯德洛夫发表在《哲学问题》上的文章、他在1946~1949年出版的五部专著——《论自然界中的量变和质变》《恩格斯与自然科学》《论自然科学发展的道路》《从门捷列夫到我们时代元素概念的发展》《道尔顿的原子论》，无一例外地全部遭到批判。他在1946年完稿并由瓦维洛夫院士推荐和作序的《世界科学与门捷列夫》，当时也无法出版。

1953年，斯大林逝世后，苏联迎来了一个新的发展时期。

在凯德洛夫的学术生涯中，也发生了一次重大的转折。1948～1953年，他虽身处逆境，却冷静下来深入思考苏联哲学界存在的问题。这对他此后始终能够坚持反对教条主义，进行创造性研究工作，起到很重要的作用。

1955年，《共产党人》杂志发表了凯德洛夫和格·古尔盖尼泽于1954年初写的《深入研究列宁的哲学遗产》一文，对亚历山大洛夫主编的《辩证唯物主义》进行了详细的评论。该文是苏联哲学界公开批评斯大林理论错误的第一篇文章。文章发表后，受到了广大理论工作者和干部群众的欢迎，被争相传看，轰动一时。

此后，为冲破教条主义的禁锢，恢复马克思列宁主义的本来面目，凯德洛夫又坚持不懈地做了许多工作。例如，斯大林在《论辩证唯物主义和历史唯物主义》一书中不提否定之否定规律，受到理论界的质疑，哲学界有人更进而把它宣布为"黑格尔主义的残余"。凯德洛夫便在1955年第13期《共产党人》上发表了《论"否定之否定"规律》一文，1957年出版了《否定之否定》一书，又于1961年出版了该书续篇《论发展过程中的重复性》。他在这些论著中明确指出："辩证法的特征和本质的东西不是单纯的否定，不是任意的否定，而是作为联系环节、作为发展环节的否定，是保持一切肯定的东西的否定。"除了正面捍卫马克思列宁主义经典作家关于否定之否定规律的观点外，他还密切联系苏联的实际，批评了由于漠视和违背这一规律而出现的种种实践错误，尖锐地批评了战后苏联出现过的狭隘的民族主义和对世界文化所持的虚无主义的态度。

凯德洛夫既是哲学家，又是科学家。他集两者的品格于一身。当今世界需要这样的人才，但这种人才又是非常难得的。凯德洛夫精通自然科学、技术科学，他自己从事过具体科学研究，解决过自然科学中许多疑难问题。同时，凯德洛夫又精通马克思列宁主义哲学。他通过对马克思、恩格斯和列宁的哲学思想及自然科学思想的研究，从中获得了理论和方法的指针，使他有可能从更高、更广阔的视角来研究和考察自然科学及技术科学中的哲学问题。他所从事的研究工作对于巩固哲学和自然科学联盟具有重要意义。他的著作在探讨唯物主义辩证法理论、科学分类和科学知识结构问题、科学技术史和科学技术创造活动等方面做出了极大的贡献。

20 世纪 60 年代初，凯德洛夫领导的写作集体撰写了以"辩证法和逻辑"为主题的丛书，其中包括两本专著：《思维规律》（1962）和《思维形式》（1962）。60 年代中期，凯德洛夫对辩证法、逻辑和唯物主义认识论统一问题做了进一步的研究，在他主持下出版了以"辩证法即认识论"为主题的丛书，其中包括三本专著：《哲学史概论》（1964）、《科学方法问题》（1964）和《列宁论辩证法要素》（1965）。凯德洛夫因此项研究成果于 1965 年荣获苏联科学院颁发的车尔尼雪夫斯基奖金。

70 年代，凯德洛夫特别关注马克思主义哲学的定义、对象和结构以及有关研究和叙述唯物主义辩证法理论体系的方法问题。

凯德洛夫认为，在自然科学、技术科学和人文社会科学急剧发展的今天，哲学（包括马克思主义哲学）需要不断廓清自己研究的对象和范围，弄清自己在人类整个知识体系中应占的位置，弄清自己同其他科学的相互关系。哲学既不应代替具体科学去解决那些理应由这些科学自己去解决的非哲学问题，也不应放弃对新涌现的越来越多的属于哲学本身的问题（即认识论问题、方法论问题和逻辑问题等）的研究和解决。

凯德洛夫认为采取哪种方法来研究和叙述唯物主义辩证法是一个原则问题。他坚决反对按"原理加例子"的方式来叙述辩证法，反对把辩证法归结为"实例的总合"。他强调要把辩证法当作科学研究的方法、认识和改造世界的方法。凯德洛夫于1972年发表的《列宁思想实验室（〈哲学笔记〉概论）》和1983年出版的《论辩证法的叙述方法——三个伟大的设想》，就是专门用来阐述马克思、恩格斯和列宁在提出并运用从抽象上升到具体这一方面所做的贡献的。

凯德洛夫继承马克思、恩格斯和列宁哲学研究的事业，他所做的工作主要集中于把从抽象上升到具体这一方法运用于叙述辩证法理论本身。20世纪六七十年代，凯德洛夫把他设想中的叙述辩证法著作题名为《论辩证法》，并为此组成了以他为首的四人写作组。遗憾的是，由于该写作组中有两位过早去世，这项工作被迫中断。1983年，凯德洛夫出版了《论辩证法的叙述方法》一书。他研究了列宁提出的四个系统叙述辩证法的思想，并按其内在逻辑把它们综合为一个总体方案。这一年，凯德洛夫在一篇文章中说，他多年来在撰写唯物主义辩证法理论方面的工作已接近尾声。直到他1985年逝世，《作为一门科学的辩证法》这部为人们翘首以待的著作也未问世。该书虽然没能以专著的形式提供给我们，但凯德洛夫的研究工作在实现列宁的宏伟设想方面迈出了可贵的实践步伐。

以上我们扼要地谈到了凯德洛夫对唯物主义辩证法理论做出的贡献，下面我们将进一步介绍他在研究科学分类、科学技术史和科学技术创造活动等方面取得的成就。

凯德洛夫从 1945 年开始就研究科学分类问题。作为研究的成果，他出版了三卷巨著，总题目为《科学分类》：第 1 卷为《恩格斯及其先驱》（1961）；第 2 卷为《从列宁到我们的时代》（1965）；第 3 卷为《马克思对未来科学的预见》（1985）。第 1 卷探讨的是科学分类问题的历史渊源，叙述了从科学分类问题在历史上被提出和研究直到该问题在 19 世纪末所达到的水平的整个历史发展过程。凯德洛夫认为，恩格斯提出了第一个马克思主义的科学分类法。第 2 卷探讨的是恩格斯逝世到 20 世纪 50 年代初科学分类问题研究的进展。凯德洛夫对列宁在世时期和列宁以后时期世界各国涌现的科学分类方法做了详细的考察，并着重分析了 40 年代末 50 年代初苏联在科学分类方面的研究情况。第 3 卷着重阐述科学发展的趋势和前景。凯德洛夫认为，根据马克思的观点和科学发展的趋势，在不久的将来，自然科学、技术科学和社会科学将逐步形成为一门统一的科学。他甚至还预言统一的科学将在 2034 年前后出现。

凯德洛夫长期从事科学技术史的研究。1962 年科学技术史研究所创立，他成为第一任所长。从 70 年代起，凯德洛夫对科学技术革命进行了创造性的研究，并对自然科学与工业、科学与技术的相互关系问题进行了深入探讨。在他的主持下集体创作了两部颇有影响的专著：《人—科学—技术》（1973）和《科学技术革命与社会主义》（1973）。凯德洛夫及其同事在书中分析了科学技术革命的实质、特征和前景。他从 1973 年起就着手撰写两卷本的大部头专著《马克思主义的自然科学史学说》，第 1 卷出版于 1978 年，第 2 卷出版于 1985 年。

凯德洛夫在这两卷专著中深入系统地阐述了马克思、恩格斯和列宁有关自然科学史问题的思想。

1949 年初，凯德洛夫已被撤掉《哲学问题》主编的职务，这时他就只能转到离现实政治较远的研究领域工作。他和前妻 T. H. 钦佐娃、门捷列夫档案馆馆长 M. 门捷列娃（门捷列夫之女）及其同事一道，在长达十多年（1949～1960）的时间里，对门捷列夫的学术遗产进行了整理、辨认、注释、编辑和出版工作。与此同时，凯德洛夫还对门捷列夫的学术遗产开展了深入细致而又极富创造性的研究。他破解了门捷列夫的"化学牌卦"，详尽而完整地再现了门捷列夫发现元素周期律时的思想活动过程。

在研究门捷列夫手稿的基础上，凯德洛夫在 50 年代后期接连出版了三部专著：《化学中元素概念的演化》（1956）、《一项伟大发现诞生的一天》（1958）、《对门捷列夫关于周期律的早期作品（1869～1871）所做的哲学分析》（1959）。在 70 年代，凯德洛夫又出版了以《原子论中的门捷列夫预见》为总标题的三部曲：《未知的诸元素》（1977）、《原子量与周期律》（1978）、《元素系统之外》（1979）。这些著作都是对他多年研究成果的概括和总结。

凯德洛夫还提出研究科学技术创造活动的认识心理学问题。科学发现层出不穷，技术发明与日俱增，但是这些发现和发明具体地说是怎样实现的呢？科学发现有没有规律可循？能否把科学发现的全过程完整地再现出来？俄国科学发现史上最光辉的一页，即是门捷列夫对元素周期律的发现，为凯德洛夫提供了一个千载难逢的案例，使他能够在周期律发现 80 多年以后，采用动态复现法，把门捷列夫发现周期律时的思想演进过程和创造心理活动详尽地、逐时逐刻地再现出来。1957年，他在《心理学问题》杂志第6期上发表了《论科学创造心理学问题（以门捷列夫发现周期律为例）》一文，首次公布了这方面的研究成果。后来，他又出版了三本引人注目的学术佳作：《一项伟大发现诞生的一天》（1958）、《伟大发现的微观剖析——献给门捷列夫发现周期律一百周年》（1970）、《论科学和技术中的创造活动》（1987）。凯德洛夫的这项研究工作，为苏联的科学研究开辟了新的领域。

由于在学术方面的巨大成就，凯德洛夫于1960年当选为苏联科学院通讯院士，1966年当选为院士。1973～1974年担任苏联科学院哲学研究所所长。他从事过大量的科研组织、教学、社会和对外交流工作，培养了一大批科学研究人才，极大地推动和加强了苏联哲学家同国际学术界的交往。凯德洛夫还当选为民主德国、南斯拉夫、保加利亚和匈牙利等国科学院的外籍院士。

凯德洛夫是我在莫斯科大学哲学系学习时的导师。记得那时他的课最受欢迎，连别的系的学生也来旁听，教室挤得满满的。1959年末1960年初，凯德洛夫来华进行学术访问，给中国学术界留下了深刻而难忘的印象。他先后到访北京、天津、上海、武汉、西安、成都、重庆、杭州和苏州，每到一个城市都做学术讲演和座谈。他的学术讲演很受欢迎，有的城市听讲者达到七八百人。那次访问，凯德洛夫会见了华罗庚、冯德培、童第周、杨石先和谷超豪等中国科学家，与他们进行了十分亲切而有趣的交谈；同时，也会见了李达、艾思奇、杨献珍、冯定、潘梓年、金岳霖等中国哲学家，与他们就有关的哲学问题进行了热烈而深入的讨论。他的讲演和谈话，大多是由我翻译的。在这次访问过程中，我和他建立了比较亲密的关系，保持了一段时期的书信来往。1961年，凯德洛夫给我寄来了他刚出版的《怎样学习列宁的〈唯物主义和经验批判主义〉》一书。他在信中告诉我，这本书中有相当大的篇幅是答读者问，而其中大部分是回答他访华时听讲演和参加座谈的中国学者提出的问题。可见，这次访问对他也留下了深刻而难忘的印象，中国学者提出的问题也促进了他的思考和研究工作。

凯德洛夫的《伟大发现的微观剖析——献给门捷列夫发现周期律一百周年》一书，详尽地展示了门捷列夫完成元素周期律这一伟大的科学发现时的心理活动和思想历程，读来引人入胜，受益匪浅。现在这部佳作已由我所胡孚琛研究员等译成中文，书名定为《科学发现揭秘——以门捷列夫周期律为例》。十分高兴的是，这部书的出版恰值凯德洛夫百年诞辰，并得到凯德洛夫的女儿凯德洛娃·吉娜·鲍尼伐吉耶夫娜的授权，我们在此谨向她表示衷心感谢。

陈筠泉

2002 年 10 月 16 日

序

对伟大发现的微观剖析，犹如将其置于显微镜之下，从各个可能的方面对它进行详细观察，诸如从历史的、逻辑的、心理学的方面，从它在某个国家某个时期内的发展方面，以及从科学家——新的真理的第一个发现者——个人的生平经历等方面进行观察和研究。

从俄国伟大的化学家、圣彼得堡大学教授门捷列夫发现化学元素周期律到1969年3月1日，已整整100年。这是人类所知的自然科学众多发现之中最光辉的一页。

生日往往是纪念一个人的最佳时间。不仅于人是如此，就连城市、学校、图书馆以及一些机关也都有这样的纪念日。书籍、杂志出版问世之日，科学发现与技术发明成功之时都会庆贺一番。某一事件的意义越深远、范围越广泛，那么这个纪念日的庆贺活动在国内外引起的反响也就越大。

先不去说门捷列夫周期律本身，就拿这一发现的历史来说，人们已经写出了许多研究成果，其中有研究性质的、科普性质的、教科书性质的，还有学位论文和专著，以及进行不少档案考察并写出了大量的哲学论文。显然，这是因为门捷列夫周期律自被发现之日起，100年来在继续不断地完善和逐步向其他科学领域普及的结果：先是在发现它的化学领域，而后向物理学、地质化学领域延伸，21世纪被推广到天体物理学等科学领域。这一定律已成为20世纪一切现代物质学说之基础。

因此，周期律的纪念日不仅对伟大的，对虽已成遥远的过去是一种敬重，而且它已成为现代科学的真正纪念日。门捷列夫周期律正如半世纪以前成为研究原子的外层结构的基础一样，在今天已为原子核内部构造的研究打好了基础。直到最近才弄清楚，这一定律还涉及基本粒子。这些基本粒子的性质同样显示出独特的周期性和与粒子质量之间的相互依赖关系。一开始，这一定律便能促使研究深入天然的和人工的放射过程的本质，深入所有核的转变过程、重核分裂过程以及铀后元素的聚合过程等的本质。铀后元素数目多达 12 个，其最后的 104 号元素为𬬻，它是前不久以弗列罗夫院士为首的苏联物理学家小组于杜勃诺市发现的。

这个定律也有助于我们对物质在宇宙中分布的研究，包括对地球上各个不同的范围和其他天体及其系统分布的研究。同样还能用来研究在天体（太阳和星球）中、星际空间发生的化学元素聚合和裂变的过程。

总而言之，门捷列夫周期律是现代自然科学的一块基石，是研究从基本粒子到宇宙天体的现代物质学说的核心。对这一定律的纪念活动不仅引起了全世界广大科学家的极大重视，而且就连一般的人们也如此关心，其原因也就不言自明了。

目　录

一　定律的诞生

图目录

一　定律的诞生

第一章　准备和完成

自然科学中的任何伟大发现都要经历三个基本阶段。第一个阶段是进化准备阶段。其中包括必要的理论前提的建立，对事实材料的积累和概括，使概念精确化，寻求问题答案的初步计划等。一句话，就是设法接近未来的发现。在这一复杂过程中，在不同国家和不同时期涌现出许许多多先驱者和奠基人，他们虽然未能完成这一发现，却为它打下了有利的基础。未来的发明家也以自己早期的研究投身这一工作。

第二个阶段是发现的完成阶段，这时在科学运动发展中，前一进化阶段所揭露和激化的那些矛盾得到迅速而突然的解决。同第一阶段相反，这时的发现在早已形成的观点和概念上作为革命性变革，作为以前进化运动渐进过程的中断表现出来。

最后一个阶段是进一步完善这个发现，使之深化与发展，并推广到邻近的科学知识领域。开始，只有发现者本人在完成发现后直接从事这一工作，之后就有越来越多的新生力量投入，将开创的事业进行到底。实际上，这样的"底"是不存在的：要知道发现的真理永远是相对的，对它的继续深入理解是如此遥远，实际上没有止境，就像人类的认识以及科学本身没有止境一样。

第一节　发现的特征

门捷列夫完成的发现被公认为是自然科学发展中的转折点。这绝不单纯是改变了化学元素之间相互联系的概念，而且有某种更大的意义，即它为四分之一世纪之后爆发的"自然科学最新革命"做好了准备，其更加伟大的意义在于，它摧毁了科学家，特别是化学家固有的思维方法，在自然现象的研究方面开辟了一条全新的途径。

化学这门科学，从波义耳、罗蒙诺索夫特别是从道尔顿开始，借助原子论的概念较早地走上了理论发展的道路，但阻碍科学概念理论概括发展的狭隘经验主义还很有势力。道尔顿首先打破了狭隘的经验主义框框，先是提出了简单的倍比定律假说，随后就用化学分析的事实加以验证。19 世纪中叶的所有有机化学家也遵循同样的道路，他们预言了还没能从实验中得到的同系物或同分异构化合物中缺员的存在，而后合成了这些化合物。

门捷列夫沿着这条道路继续前进。他预见的依据是发现了尚未被世人承认的定律和他自己编排的留有空格的元素表。在这种情况下，门捷列夫的理论思维已进入似乎距离直接实验还很遥远的未知领域，而就当时来说，化学家的思维还是未能深入这一领域。这里，在某种程度上同数学有些类似，数学用演绎法从某些普遍原理中推导出可能不具有直接实体意义的结果。门捷列夫的推论是否也这样呢？这些推论会不会把科学家引到那种本身具有诱惑力，但没有实际科学意义的赤裸裸的思辨体系的圈子里去呢？周期律发现时的许多同代人都持有这种想法，其中包括像本生、科尔本、齐宁和马尔柯夫尼柯夫这样一些著名的科学家。

同时，应该说，当时由于化学研究的视野空前扩大，化学家们有改变整个思维方法的必要性。化学已在认识领域迈出了巨大的步伐，但许多科学家还未能理解到这一点，他们总认为19世纪中叶有机化学的水平是理论思维在整个化学领域所能达到的极限。

门捷列夫以周期律为基础做出的预见，作为由普遍原理得出的演绎结果被证实是卓越和正确的。在《化学原理》（第6版）一书中，他明确而形象地描述了化学家思维方法因此而发生的改变。在该书中论及他认为重要的"我们科学的原理"这一哲学论题时，他写道："最初，科学就像架设桥梁一样，仅仅依靠几个深水桥墩和长梁就能进行。我真诚地希望通过对《化学原理》的叙述来表明，一门科学能像架设吊桥那样，靠着精心加固这一根根易断的纤细绳索便可早日造好，并以此通过看起来不可逾越的悬崖深谷。通过把科学的过去同它的现状和前景对照，把它有限经验的局限性同它想通向无限真理的意向对比，预示着它本能地为最有吸引力的观念献身的时刻到来。我力图发扬读者不以简单直观为满足的求知精神，激励他们去习惯艰苦的劳动，探索以实验来验证自己的思想，并为建造跨越未知的深渊的桥梁而迫切地寻觅新线索。"[①]

门捷列夫的预见，被恩格斯誉为"科学上的一个勋业"，并给他带来了不朽的荣誉，这恰好是同建筑"跨越未知的深

---

① Д. И. 门捷列夫：《化学原理》第6版，1895，第5页。

渊"的科学吊桥一样的典范。从那时起，如 H. Д. 泽林斯基经常说的那样，这个"化学思维"的方法，在化学上征服了一个又一个阵地，将这门科学从主要是经验主义的即"不得不摸索着走路，只屈从于事实而未能占有事实"①的水平，提到比较高的理论水平。

人们注意到，门捷列夫是把自己的定律当作运动守恒定律的特殊情况：他第一次用当时已知的物质形态中最简单的实例揭示了原先互相隔绝的自然界客体——化学元素以及它们的原子——相互之间的普遍联系。在这方面，周期律继续了 19 世纪自然科学上细胞理论、能量守恒和转化定律、达尔文进化论开辟的科学运动的航线。

门捷列夫在周期律中首先着眼于各种自然力之间的相互联系。他说，这个定律指出了外力同内力之间的联系。仅在极小距离内起作用的内力确定了物体的化学关系和物理性质。要知道质量（重量）正是由在任何距离上都起作用的引力来确定的，故而在周期律中应注意对自然界力的统一定律的应用。"无论是在这个统一中具有各种不同的力和千差万别的运动类型，无论是在元素定律的统一中都应当承认单质物质的实际区别。"②

在论文《化学元素的周期规律性》（1871）中，门捷列夫以另一种形式论述了同一观点："我认为质量守恒定律仅仅是力或运动守恒定律的部分情况。当然，质量取决于物质运动的特定类型，当元素的原子形成时，没有任何理由否定这种运动

---

① Д. И. 门捷列夫：《周期律》（"科学经典作家"丛书），莫斯科，1958，第 227 页。

② Д. И. 门捷列夫：《周期律》，第 227、438 页。

转化为化学能或者其他某种运动形态的可能性。今天观察到的
两种现象——质量守恒和元素的不可分解性——迄今存在密切
的甚至是历史的联系。如果要分解已知元素或者构成新元素，
不可否认不能构成或是不减少重量。"①

在这里我们清楚地看到，门捷列夫认为周期律是能量守恒
和转化定律的直接发展。这两个定律之间显示出的联系使门捷
列夫预见到化学元素相互转化的可能性。当时门捷列夫指出，
这将伴随着元素重量的改变。21 世纪，这个杰出的预见由于
核反应中"质量亏损"现象的发现得到完全证实。

在门捷列夫周期律和达尔文进化论之间，过去和现在都存
在不少有趣的联系。要了解这种联系，让我们先看看下列情
形。门捷列夫发现的自然定律正好体现在元素周期系统之中，
这一定律也正好是在编排这个系统时发现的。但是，周期系仅
以僵硬的静态形式反映了化学元素之间的联系：元素按原子量
增长的顺序一个接一个地在周期系中排列。在排列过一定数目
的元素之后就开始了性质的重复，但这只是科学家根据元素原
子量递增的进程留心观察其物理化学物质的改变。当科学家的
思维活动从一个元素转移到另一个元素时，元素本身是不动
的，只有当科学家用手将它们分别排布到图表中隔开的空格里
时，这才恰好与发现的自然规律相符。

然而，不仅是发现者自己，其他学者也都很快地发现：在
性质上是周期性重复的并向起点不断反复的元素的这种整齐排
列足以证实，元素周期系似乎是无机物发展中某种未知的动力

---

① Д. И. 门捷列夫：《周期律》，第 158 页。文中"质量守恒定律"中"质
量"一词，原文是 BEC（重量）而不是 MACCA。——译者注

过程的一种静态的和停滞的反映。这个系统的空格，更确切地说是一些阶梯，这个未知过程沿着它就像沿着梯子一样逐级上升，从氢（最轻的因而也是最简单的元素）开始向比较复杂的重的元素递升，直到当时占据周期系最后位置的铀为止。

在放射性发现之后，门捷列夫已经逝世，放射性同位素周期系的联系才得到解释，使门捷列夫和其他科学家在19世纪七八十年代提出的模糊猜测得到完全证实。作为"运动规则"的周期系已不再是对门捷列夫图表中按元素排布顺序形成的物质发展过程的静态反映，而是对该过程的动态反映。这就是为什么在给门捷列夫完成的发现做总体评价时我们有充分的根据说，由于无机物是构成整个无机界的主要物质基质，所以无机物和整个无机界的基本发展规律是随同这一发现一起被揭示的。这意味着，对非生命界来说，门捷列夫周期律实质上起到达尔文主义在生命界所起的作用。

探索一下普遍变化和发展的伟大思想是以怎样的顺序渗透到具体而实际的不同领域中去，这是很有趣的。原来，某一客体的发展水平越高，它所构成的实物具体领域距离实体最简单的物质形态就越远、越复杂，这一伟大思想渗透到这个领域的时间也就越早。19世纪的自然科学乃至整个科学的历史证明了这一点。列宁在《哲学笔记》中指出，黑格尔于1813年在逻辑学范围内已推测到这个思想，35年之后马克思和恩格斯在《共产党宣言》中把这一思想运用到社会学中，又过了11年达尔文在《物种起源》中把它应用于生命和人类学。列宁写道："普遍运动和变化的思想（《逻辑学》，1813）未被应用于生命和社会以前，就被猜测到了。这一思想先公诸社会方面（1847），而后在应用于人类方面得到证实（1859）。"[1]

当我们把足以证实普遍变化和发展的思想这一发现链条延伸到发生学比较简单的无机界时，我们发现，在这个领域这一思想显露得要更晚些。然而，这一思想还是得到了确认并以周期律的形式表述了出来。尽管它还仅以静态形式反映了化学元素的普遍发展和变化。这就难怪克鲁克斯把这个定律称为"无机界的达尔文主义"。

接着列宁"链条的第三环节"，即在达尔文的《物种起源》发表10年之后，又补上了第四环节门捷列夫的发现。门捷列夫的发现不仅在自然科学，而且在整个科学界伟大发现的总链条中的地位就这样被确定了。

现在顺便谈一谈在把19世纪的这些伟大发现相互对照时揭示出的规律性特点：为什么发展的思想首先渗透到运动形态较复杂、较高级的知识领域，然后才渗透到运动形态比较简单的知识领域？我们可以做如下解释：运动形态越复杂、越高级，其变化和发展的标志显露得就越清晰。相反，研究的客体在起源关系上越简单，其发展标志就越朦胧，在研究过程中也就越难发现它们。例如，在逻辑学研究的思维领域，我们可以直接把自身的思想发展，及每一个思维过程都揭示出来，而领会政治经济学所研究的社会及其经济基础的发展就比较困难了。对于社会发展的历史的和经济的要素，以及对社会经济结构的更替等，必须做长期深入的研究才行。

在生命界，这些基本的生物"单位"——种的变异和发展的事实，绝不能用直接的视觉观察的方法来确定，因为在生

---

① 列宁：《哲学笔记》，人民出版社，1956，第147页。

命界旧种向新种的实际演变，在一代甚至几代人的时间内几乎不能完成。只能是采用间接的方法，要耗费大量的劳动和时间来收集和确定所需的论据，才有可能得出达尔文已得出的结论。

最后，在无生命界，那里无机物的变迁过程仍被掩盖着。通常，在漫长的天体演化过程中，在根本不能被直接观察的微观领域内，是更难进行研究的。当然，发展的思想渗透到这一科学领域，显然比其他领域晚得多。

第二节　向定律接近

门捷列夫同自己前辈的关系，以及他们对周期律发现的态度，成了化学史家反复讨论和学术争辩的论题，像任何其他的重大发现一样，元素周期律也是在以前化学发展早已准备好的基础上诞生的。尤其是到 19 世纪 60 年代，这个基础准备得如此充分，包括几乎所有化学元素的自然体系思想直接传播开来，因而引起了许多化学家的注意。在重大发现的前夕，出现这类情景是屡见不鲜的：时机对它说来业已成熟，科学本身也期待着它的降临，科学家们也已开始谈论和描述它。然而发现之所以被拖延，正像后来才弄清楚得那样，只不过是因为这一新真理的发现者还未出现。

门捷列夫就是上面所说的这位发现者，他能够把别的国家其他科学家在他以前已经开始的研究进行到底。而其他学者都是由于本身缺乏沿着通向真理的方向再前进几步的决心，以致半途而废。

门捷列夫前辈人中的真理探索者可以分为两类。其中一类学者只对能够把早已发现的各个独立的元素组排进元素表的排列方法感兴趣，而未能理解作为凭经验发现的图表基础的规律性，尽管这种规律性早已隐约可见。这类学者并没有把探求理论的任务摆在自己面前，他们根本没有考虑到还有某一未发现的自然定律，可以用作探索周期表的枢纽。他们只简单地把元素按一定顺序编排起来，就认为用这种方法得到的图表是最合适的元素分组表。

例如，英国的奥特林和德国的迈尔就是这样对待自己的图表的。他们编制的图表，正像我们现在看到的和在门捷列夫的发现之后他们看到的那样，能够显示元素性质随着原子量的改变而变化的周期性。但"能够"并不意味着事实上已经完成，可能性毕竟不等于现实性，还应该把它转化为现实，而在科学和科学创造领域这种转化就是科学发现。

对某些事实是从理论上去理解它还是只对它简单地凭经验进行观察、登记和确定？二者之间存在深刻的差别。科学史上的很多例子是人所共知的，一种新现象被纯经验地观察到并不算是真正的科学发现。而后来，经过一段较长的时间，真正的真理发现者才到来。正是他而不是他的仅限于简单地凭经验进行观察的先辈，对前人所做的经验观察和描述提出了理论根据，从而引起了科学观点的变革。

从为后来的科学发现进行事实材料收集到真正做出发现，有时要经过数十年，但有时只需数年甚至几个月。例如，胡克虽在 17 世纪就观察到了植物组织的细胞，但他没有弄懂它的意义。这意味着，他并未在科学上发现了细胞，虽然他比施旺和施莱登早 100 多年就已看见了细胞，但细胞的真正发现者是施旺和施莱登，因为他们创立了细胞学说并阐明了胡克观察结果的真正意义。

普利斯特里和舍勒正好也是这样，他们在得到新的化学元素的时候，竟然不懂得在自己手上的究竟是什么东西。他们给这一元素杜撰了个名称，叫脱燃素的（从臆造的"燃素"中游离出来的）空气。相反，拉瓦锡尽管不是第一个看到这个元素的人，但他第一次正确地理解了这是什么元素，并且创立了新的氧理论，从而在科学史上引发了化学的第一次革命。所以，严格地说，在科学史上真正发现氧的是拉瓦锡，而不是完成发现却没有讲出这个发现所具有的意义的普利斯特里和舍勒。周期律的真正发现者门捷列夫也有自己的先驱者，他们在这一科学认识领域，一般来说也完成过胡克在细胞方面以及普利斯特里和舍勒在氧的方面做过的工作。迈尔、奥特林和其他化学家凭经验编制的元素表，已经隐隐约约地包含了未来的元素周期律，只是图表的编制者自己没有认识到这个事实，也没有把它精确地表达出来而已。

下述情况可以用来证明这一点。奥特林把他的图表附在自己的化学教科书里，但没有给它以任何说明。由此可见，他仅仅试图编成一幅总的元素表。如果说他得到一点儿什么东西的话，那么这点儿"东西"充其量也只能是作为再添加到别的教科书中的一份材料。后来他改变了主意，不再继续出版自己的图表，也没有对此做出解释。

门捷列夫准确无误地提出了新的自然规律，当他公布了发现周期律的第一消息，迈尔还犹豫不决。用他的话说，以"这样不牢靠的出发点"为依据去改变凭经验测出的原子量（指的是铟的原子量），甚至预言新的元素，如门捷列夫的类硅（后来的锗），这行得通吗？这就意味着迈尔对发现自然界的某一真正的新定律根本缺乏信心，而对于能否凭借这些"不牢靠的出发点"使现有的实验资料精确化并用来预测新元素更没有信心。

如果一个人在今后的研究中对以这一发现为依据的可能性及其现实性都表示怀疑，像我们看到的迈尔那样，更有甚者，这个人连什么问题也提不出来，连他凭经验"探索到"的图表中究竟包含什么内容也不知道，那我们怎么能把这样的人当成发现的首创者呢？很显然，一个根本不了解自己得到了什么甚至怀疑自己今后所追求的目标能否达到的人，我们无论如何也不会承认他是发现的真正发现者。

新真理的真正发现者门捷列夫的第一类先驱者就是这样一些人。另一类学者则看出了未来发现的内核，但在直接通向它的道路上徘徊不前，未能将自己开创的事业进行到底，这类先驱者中据说有尚古多和纽兰兹。这两位科学家抓住了所有元素间联系的某种普遍的规律性，即共同的特征——元素的性质依赖于它们的原子量而变化的周期性。但他们都没能确定这个依赖关系的准确范围和严格的形式。他们仅仅是猜测到了这个规律，但未能证明这个规律的存在。

尚古多利用几何形式（绕在圆柱体上的螺旋线）来表示这种规律，他的体系编制得太无拘束了。不仅是所有实际存在的元素（已知的和尚未发现的）可以在该体系中占据位置，而且实际上任何一号元素包括完全虚构的元素都能在这条连续线的任一点上占据一个位置。尚古多未能建立起元素周期系，因为他的体系没有任何界限，实在过于"宽阔"了。

相反，纽兰兹的体系就太狭窄了，太拘泥于当时已知存在的元素数目。由于没有为未知元素留下空位，这个体系就排除了在有限范围内对未知元素做出预言的可能性。尽管如此，但周期律的迹象——也可以说它的萌芽（"先声"）已经在尚古多特别是纽兰兹的体系中明显地冒出头来。后者甚至表达了一种"八度音律"的想法，为此他利用了声学的（乐曲的）形式，这同尚古多运用几何形式相类似。

还可以从另一个方面来解释为什么纽兰兹在清楚地预感到了周期律时却又中途而止。其根源在于 19 世纪 60 年代的化学家慑于严格的经验主义，只知循规蹈矩，在没有直接实验根据的条件下面对容许的理论结论畏缩不前。根据这种谁都没有承认的规律性来修正原子量，进而以同样未被公认的规律性为基础编制留有空格的表，按其缺位来预言和描述新的化学元素，这种思想本身就被看成是异端的甚至是亵渎的。只有门捷列夫敢于公开地反对潮流，即打破当时化学家们对唯有凭经验获得的材料才是一贯正确的盲目的信念。这不仅要求对已发现的定律的正确性深信不疑，而且要有巨大的勇气和坚定的信心。

纽兰兹在《八度音律》中就缺乏这种勇气、这种决心和这种信心。参加其报告会的一位物理学家向他提出了一个狡猾的问题："尊敬的报告人先生，您怎么不试一试不按原子量而按字母表（按相应元素名称的第一个字母）来排列元素呢？这样做不也和按原子量排列元素一样正确吗？"这类明显的嘲笑和对《八度音律》挖苦的话，对纽兰兹继续工作的决心起着最消极的作用。

要知道，化学家对理论思维的类似态度甚至过了许多年之后还是如此普遍，这可以根据勃拉乌尔同本生的谈话判断。后者是由于一系列杰出工作，其中包括发现光谱分析而颇负盛名的科学家。门捷列夫的热烈拥护者勃拉乌尔向本生叙述了这位俄国化学家的发现和他预言的新元素。但本生以讽刺的口吻做了如下回答："请不要迷恋这些东西！我可以随便根据登在交易所新闻小报上的不同数据做出许多类似的总结，要多少有多少。"

只有具有不寻常勇气的门捷列夫冲破和打消了旧学派化学家的阻挠和怀疑。特别是在勒科克·德·布瓦博德朗发现了镓之后，因为镓正是门捷列夫所预言的类铝，门捷列夫所找到的真理便开始逐步地深入化学家的意识。门捷列夫的科学勋业对任何不抱偏见的科学家来说都是有目共睹的。最后甚至连最顽固的经验主义者、理论思维的反对者也不得不认可。

人们常常公正地说：天才就是劳动。把天才的创造看作一连串的幸运与成功，说成是轻易和意外地取得的巨大成果，那当然是不正确的。通过门捷列夫的事例可以看到，他在发现周期律之前已经为化学元素相关领域的研究工作投入了巨大的劳动。这种劳动已占用了整整 15 个春秋，这是每时每刻都在思索、在进行实验室研究、阅读了无数化学论文和书籍的 15 年啊！门捷列夫把这一切都体现在他的作品、讲座、报告中，特别是他的《化学原理》一书中。正是在这些创造性的劳动过程中发现了周期律。15 年啊！这对一个科学家来说是不算太短的时间，事实上这是 1854 年以来还活着并从事创造的整整一代化学家的一次交替。当时 20 岁的门捷列夫刚刚涉足科学研究领域，还是圣彼得堡师范学院的大学生，而到 1869 年，他已经是远近闻名的圣彼得堡大学化学教授，并将自己讲授的教程编撰成了《化学原理》一书。

当有人请门捷列夫谈一谈他是怎样完成发现，以便在某家报纸上刊登采访记者的小品文供读者消遣的时候，科学家生气了。门捷列夫这样做是对的，他的劳动像任何做出巨大成果的劳动一样，理应得到尊重，决不能轻视这个劳动，更不能把科学发现描述成某种偶然灵感的启示或者上帝的恩赐。"一个人坐着，据说是突然一下子找到真理，完成了发现"，那只是那些思想肤浅的科学史家常常爱说的几句口头禅罢了。

门捷列夫的私人秘书在自己的回忆录中援引了当时一段富有特色的情节。记者问道："德米特里·伊凡诺维奇，周期系是怎样来到您的头脑中的呢？"门捷列夫愤怒地看了看这个对科学一窍不通的记者，回答道："科学本来就不是您想象的那样，我的老兄！不是5个戈比一行字！不像您，我在上面思考了可以说有20年！而您想的是'突然坐下来，5个戈比一行字，5个戈比一行字'一挥而就！不是这样！"

以前付出的巨大劳动，构成了发现的进化准备阶段。这个劳动使门捷列夫有可能从各个方面严密揭示所有化学元素之间有规律的联系。

在着手叙述"元素的相似性与周期性"一章时，门捷列夫写道，有时元素的某些性质应该经过测量，以排除任何主观性而使其较为客观。"要测量的元素及其化合物的性质有：①同晶现象、晶形的相似性和与此联系的形成同晶混合物的性能；②元素相似化合物体积的比例关系；③元素盐型化合物的成分；④元素原子量的比例关系。"[①]

他详细地观察了这"四个侧面"，认为它们对元素的天然关系的研究是非常重要的。

---

① Д. И. 门捷列夫：《周期律》，第274页。

第一个侧面——同晶现象。年轻的门捷列夫还在圣彼得堡师范学院学习时就对它产生了兴趣。它包括研究不同物质结晶的相似性和与之相联系形成同晶混合物的能力。正像后来门捷列夫指出的，在同种微粒的结晶形态的结构中，可以找到许多判断原子和微粒的内部世界的方法。

第二个侧面——元素相似化合物比容的相互关系。这些比例关系是门捷列夫从圣彼得堡师范学院一毕业就立即着手研究的，在逻辑上继承和发展了他在研究同晶过程中产生的那个思想。这些研究大大地加深了门捷列夫化学元素及其相互关系的知识。

第三个侧面——化学元素成盐氧化物结构研究。这同以后门捷列夫对有机化学的极限理论的研究和创造联系了起来（1861）。按照这个理论，碳化合物能够达到一定的极限，也就是最高饱和态，其中包括氧饱和。然后，门捷列夫把这个概念推广到其他化学元素及其化合物，这使他后来能够把化学元素的两个基本性质——原子量和最高的（极限的）氧化价，根据其机能的相互依赖关系联系起来。

第四个侧面——元素原子量之间的相互关系。在这里新的（"热拉尔的"）原子量迫使年轻的科学家更加深入地考虑元素之间的关系和它们的相互联系。

除了所有这一切，门捷列夫还研究了其中与物质的分子量有依赖关系的毛细现象，这就把他的思想转向寻找微粒的性质与它的质量的依赖关系，由此就易于转向寻找微粒的这种性质同形成该化合物的元素的原子量的依赖关系。门捷列夫后来的工作，特别是他寻找的被看成溶液的所谓不确定的化合物组成中的倍比定律，在很大程度上导致了周期律的发现。他关于醇

同水的化合的博士学位论文（1865），正是在这方面仔细研究
的成果。

这样，门捷列夫沿着化学的轨道在许多方面做了大量的工
作，积累了大量实践材料并对它们从理论上加以认识和概括。
善于把经验材料联系起来，是门捷列夫创造性劳动非常明显的
一个特点，他的天才也在于此。不为表面现象所迷惑，而要透
过现象去看隐藏着的本质，他在其中也意识到了一个真正科学
家和思想家的使命。

1867 年秋，门捷列夫登上了他的老师 A. A. 沃斯克列辛斯
基在圣彼得堡大学的讲台。当时他按化学的所有章节收集实际
材料，已为理论综合做好了准备。这样的理论综合在讲述化学
教程时就开始了。为了编排实际材料需要选择某种体系，但无
论哪本教科书和化学书都找不到这样的体系。门捷列夫对任何
科学上的事情都严格要求，他亲自着手对系统进行详细研究，
打算在讲授化学时应用它。他在论述周期律的第一篇论文中写
道："在着手编写《化学原理》这本化学指南时，我应当研究
某种单质的体系，以使它们的分布不至于遵循本能的动机和偶
然性，而是根据某一固定的精确定理来进行。"①

在对积累的化学元素及其化合物的材料进行整理和加以系
统化的过程中，门捷列夫发现了周期律——元素的自然体系和
《化学原理》著作的基础。这本书包含了科学家 15 年创造研
究和教学活动的丰硕成果。门捷列夫的一生就是劳动、劳动、
再劳动。劳动鼓舞着他去建立科学勋业并为他带来了无穷的创
造乐趣，同时也使他付出了个人的全部力量、精力和心血。我

---

① Д. И. 门捷列夫：《周期律》，第 16 页。

们心目中的门捷列夫，首先是一个伟大的劳动者。当人们把他称为天才的科学家时，怪不得他说："这算什么天才！那只是终生不倦地劳动。"

第三节 直觉的闪光

在门捷列夫的发现中直觉明显表现出不寻常的作用。直觉同任何创造过程都是不可分割的，其中当然包括科学发现。我们知道，门捷列夫周期律的发现过程是以非常令人感兴趣的、以无与伦比的独特的方式进行的。新真理的发现并不是一帆风顺地靠逻辑推理和有根有据的方法，也不是每走一步都有前人的足迹可循。不是那样！这是一种鼓舞人心的创造，是在向未知领域寻求出路的一系列巨大的思想冲刺。面对一个又一个障碍，拼命冲过去，战胜它，当然有时是正面冲击，有时也会迂回前进。所有这一切是在难以估量的压缩的时间内实现的，有时要将一年的正常发展的思维时间压缩到几个小时，有时在几分钟之内科学家与生俱来的天才直觉会使自己"恍然大悟"，科学家如此丰富的想象力使任何画家、诗人和音乐家都羡慕不已。

与此同时，应当看到发现周期律整个过程的一个明显的特点，那就是门捷列夫最初处于"急着"的状态，① 刚好在这一

① ЦЕЙТНОТ 是象棋比赛术语，意思是无暇思索。国际象棋比赛规则规定，在比赛开始的两个小时内，每方必须走完 40 步棋，以后每小时每方必须走完 20 步。这样，比赛者在比赛过程中越往后越没时间来仔细考虑对策。这样的状态便叫 ЦЕЙТНОТ。此处译为"急着"。——译者注

天，门捷列夫打算从圣彼得堡到特维尔省和其他省考察合资经营的干酪制造厂，同时也想顺便到自己在波布罗夫庄园的家去一趟。因此，很自然，他要赶在出发前把自己的事情办完。

通常对"急着"的理解是指由于无暇认真思考面前摆着的棋步而匆忙采取的对策，通常是要走错步和失算的。但是这种匆忙从事的做法完全不符合门捷列夫的禀性；即使说对门捷列夫最重要的是速度，那也绝不是要牺牲精确性。这里讲的是为了把开始的事业以最快的速度进行到底，而使他的全部智力和才能处于极度紧张的状态。

整个过程对他本人来说的确开始得很偶然和非常意外。门捷列夫在准备动身的时候继续思考着当时还没有写完的《化学原理》的一章，他在自己刚刚收到的一封私人信件的背面做了笔记，在这上面他试图按原子量来排列不同组的元素。显然，就在这一瞬间，他的脑子里闪现出一个念头：难道不可以把不同组的元素在原子量方面的差别当作要寻找的"明显精确的起点"，并以这一特征为基础把所有自然组的元素归结到一个总的体系中吗？本来原子量从道尔顿创立化学原子论的第一天起，比起元素的所有其他性质来是最明显、最精确的一种性质。物质或者重量这种概念很早以来就和某一基本的能够确定物质其他性质的概念联系着。

天才的推测往往就是这样产生的。科学家的一切事前多年的艰巨工作为其突然产生做好了准备，致使这种推测在直觉发挥作用的一瞬间产生了。直觉提醒了门捷列夫，15年间渴望解决的问题终于找到了答案。这件事发生在他准备动身去火车站，也就是说发生在看来他应当思量忙于赶火车之时。在乘火车之前，门捷列夫以全部热情和欢欣鼓舞的心情开始仔细推敲这个光芒四射的思想。他写满了刚收到的那封信的整个背面，然后拿了一张空白的纸便按照刚刚发现的原则开始编制元素表。临上车前他非常匆忙，看来今天动身的计划还没有变。

他的推算和笔记越往下，事情就变得越加清楚，摆在他面前的是多么巨大的劳动成果啊！在图表中需要安排 64 个元素，其中一小半是已被仔细研究过的，最"清楚"的元素立即进入"自己"的位置；对其他元素还不知道怎样处理。而时间在一分一秒地过去，仅誊写完已编制的这部分图表就花了很长时间。

当产生难以解决的矛盾时，似乎没有了出路，又是直觉为科学家指出了光明的出路：把静止的研究形式转换为变动的、灵活的形式。这种灵活的形式便是"化学牌卦"。这些纸牌移动起来既容易又快当，而且每动一次都会在眼前呈现一副牌卦①中所有牌分布的画面。还将会看到剩下的牌的数目随着牌卦的摆布不断减少。

可想而知，此刻门捷列夫已经明白，他要在这一天动身是不可能了。兴许还是能够成行的，即使明天走也行。可是在任何情况下他也不能打断这个创造过程并要竭尽全力，尽快地把它进行到底——将所有已知元素都包括到图表中去。

准备一整副（64 张）"化学牌"，远不是一件简单的事。首先在印刷成书的《化学原理》有关章节中没有总的原子量统计表。要赶快把一部分材料从著作和文献中找出来，再从自己的记忆中将另一部分材料整理出来。但有时记忆会有出入，就不得不重新审查这些材料，并且随后把它们记在《化学原

---

① 牌卦，俄文 насьянс，一种为消磨时间或占卜而摆的牌局。——译者注

理》第一版的元素统计表中（图 1）。

图 1 《化学原理》第一版页边上记的原子量

这么一副很不寻常的"牌"准备好之后，门捷列夫立刻把它摆布成牌卦。他把所有的牌按上面写好的元素及其性质分成小群，便于以后能由已知向未知、由知之较多向知之较少的元素挪动。

这样一来，经过仔细研究的元素首先进入牌卦成为第一群，这几乎包括全部牌的一半。

为了记录这个工作的整个过程和不致重复早已采取的步骤，门捷列夫把自己牌卦的每一次分布情况记在一大页纸上。这个元素的牌落到哪里，就照例在哪里记下它的符号和原子量。如果后来这张牌挪到另外的地方，那么就把元素符号和原子量从以前的地方勾掉再记到新地方。门捷列夫把那些还没有进入牌卦而等待安排自己次序的元素写在纸边，再按照逐步进入牌卦的情况从上面把它们勾掉。从结果看，整个牌卦登记的步骤是完全精确的和循序渐进的（图22）。

在摆牌卦的过程中，在对个别元素乃至整族元素的安排上面临巨大的困难。例如，铍的原子量被认为等于14（根据矾土型的氧化物 Be_2O_3 测得）。但是，原子量是14的位置上早已在门捷列夫编制的图表第一稿上就填入了牌卦，已经肯定是氮，那么对铍来说意味着需要寻找新的位置，但是在哪里呢？氮的前后左右都已被占据，硼（B = 11）和碳（C = 12）在这一头；氧（O = 16）和氟（F = 19）在另一头。在排列第一批经过好好研究的30个元素时，并没有出现铍所导致的那种困难。

门捷列夫的直觉战胜了这个困难。他产生了一个光辉的想法：检验一下计算出的铍的氧化物的化学式是否正确。如果这个分子式不是 Be_2O_3 而是 BeO，即不是矾土而是伊·乌·阿夫捷耶夫早就坚持的稀土，这会是正确的吗？当时门捷列夫立即用铅笔进行了计算，得知在 BeO 的情况下铍的原子量将减少 $1/3$，也就是9.4。这个纠正的元素的原子量完全精确，也同将要发现的定律的要求相符。按数值，它的确定位置在锂和硼之间。这就表明，铍不像当时化学家想象的那样是铝的同族元素，而是镁的同族元素。

现在对这个问题的解决可能觉得很简单：既然 Be = 14 在图表中找不到自己的位置，那就意味着需要改变它的原子量以适应某一个已有的空位置。但改变原子量谈何容易！改变已被实验方法确定和经过完全精确测量的元素的基本性质的数值，难道这在科学上是允许的吗？当时绝大多数化学家都觉得这是一种极其轻率的举动，是一个严肃的科学家所不足取的。

为了解决铍的问题，很难说门捷列夫究竟花费了多少时间、投入了多少智慧和精力。铍仅仅是诸元素中的一个！而这样的事情在牌卦的摆布过程中是不少的。特别是铟，它怎么也不愿意留在已经完成的元素系统中的空位上呢？这导致了许多麻烦和周折，直到一年半后门捷列夫经过无数次深思熟虑和探索，终于解决了铟的难题。解决铟的问题的原则和铍的一样，是将铟的原子量从 76.6 增加到 113，以适应铟的氧化物分子式由 InO 到 In_2O_3 的变化，即相对铍的氧化物来说，分子式次序发生了相反的变化。

像铟这样的元素共有 7 个。在定律发现的那天，门捷列夫把它们从系统中拿出来，简单地排在系统的边上。元素叫铽（Tb），门捷列夫认为它根本不存在，仅是弄错了才以为发现了它。他从排到表上的已知元素中把它删去。

除了个别很少研究的元素造成的困难之外，门捷列夫还面临一个比较重要的问题：怎样安置铁（Fe）族、钯（Pd）族和铂（Pt）族？一开始，门捷列夫试图尽力把它们一个个分别塞进编制好的系统的不同栏和列里。有时他把两个族彼此靠近（铁族和钯族），后来又把它们分开。但无论如何都解决不了问题。这三个族之间有着内部联系，这一点是清楚的。但把它们互相连接安置在一个族中，要在图表上表示这个联系怎么也办不到。保存的草稿足以证明，在寻找这个困难问题的解决方法时，科学家的思想活动是多么激烈。最后——在这一天内不知有多少次了——直觉又帮助了他：直觉提醒他应该从表里取出这三个族并将其集中到特别的一局部小表中，然后再作为一个整体连接到总表中。门捷列夫就这样办了。

由于异乎寻常的努力，门捷列夫在一天内完成了罕见的巨大工作，这项工作在平常大概需要几个月，也许是几年。在发现周期律的时刻"急着"起了作用，因为它激发了科学家对创造工作的直觉和想象力，把发展科学思维的实际时间缩短到尽可能乃至不可能的限度。

不管怎样，伟大的发现终于完成了。但这仅是巨大工作的开始，随后便是年复一年地顽强劳动，逐步完善已有的发现，修正或除掉它所有经不住检验的、不准确甚至不正确的地方。周期律发现的全部历史雄辩地证明科学发现不是一瞬间的一次性事件，而是一个长期的、复杂的、深入发展的矛盾过程。在这期间突然出现的创造性直觉大概仅占几秒钟，更多的是每时每刻甚至是夜以继日地苦苦沉思和频频探索，有时也会前功尽弃、推倒重来。

科学和生活一样，经常的、缓慢的、相对平静的进化运动阶段与孕育着急剧思想变化和深刻观点的大转变的快速革命发展阶段交替进行，其中表现出它前进运动的"机制"和科学认识的共同道理。

第四节　预见的才能

科学离不开预见。真正的科学家必须是具有预见才能的人。他们善于窥探通常为一般人所无法发现的奥秘。

门捷列夫无疑具有这种超人的才能。这种才能既不是偶然的灵感，更不是幸运的猜想，相反，它是对无机界中物质遵从的定律——周期律深刻理解的必然结果。门捷列夫常常说，在科学中两个重要的或者说最终的目标是预见和效益。发现了周期律后他就立刻试图把预见的新精神引入化学，只有依靠预见的精神才能把科学提高到经验阐述和事实验证的水平。最初，摆布牌卦时他就发现了硅和锡之间碳族的空格，确切地说是在钛和锆之间，他勇敢地预言了对当时化学家来说非同寻常的论断：在这个没有占据的位置上，显然应当有一个同它们毗邻的、原子量在二者之间的元素。这个预言中的准硅 X = 72，过了不到 17 年就被证明是锗。

如果定律有可能使人们做出预见的话，就要勇敢地使这个可能变为现实，勇敢地去阐明和论证由定律引申出的逻辑结果，并使它具有严格的科学预见的形式。这个结果的检查与验证是确定定律、把定律从假说必然地转化为得到实验证明的客观真理的唯一途径。

门捷列夫正是这样想的。

为使从定律得出的逻辑结果（以科学预见的形式）更加精确，必须从一切方面把所有的现象都考虑在内，并对定律进行详细研究。这迫使门捷列夫在自己的定律上几乎花费了 3 年功夫，直到 1871 年 12 月中旬，他才认为，凡凭一个人的力量可以做到的一切，他都已做到。在今后需要依靠其他科学家的力量来继续完成他开创的事业。

又用了十年多（1875 ~ 1886）的时间，门捷列夫的三个主要预见由于镓、锗和钪的发现得到了证实。很少有哪个科学家能取得如此辉煌的胜利，他的预见在实践中一个接一个地得到证实。于是在门捷列夫的笔记中出现了新的形象化的词语——"周期律的巩固者"。这些巩固者开始有四个人——勒科克·德·布瓦博德朗、尼尔逊和温克勒，他们相应地发现了镓、钪、锗。此外，还有勃拉乌尔，原来是他得出了碲的原子量比碘小这个符合周期律推导的结果。但是后来的事实证明，碲的原子（128）仍比碘（127）重。对这个反常现象门捷列夫到死不放心，因为他没给这个现象找到合理的解释。直到 1913 年发现同位素和元素序数，那时伟大的门捷列夫已经去世，才终于找到论证碲并非违反周期律的答案。

"周期律的巩固者"之后还有一些人，其中拉姆塞不仅发现了惰性气体，而且在元素周期律中找到了它们的位置。

在这里我们将不去详细叙述门捷列夫以自己的表为基础，用什么形式和怎样精确地计算出他所预言的元素及其化合物的不同性质的意义，只说一说与他预见的第一个元素镓的发现有关的两个有趣的情况。亚铝（未来的镓）同铟和铊在一个族里。后两种元素是挥发性化合物，同时在光谱中呈现十分特殊的谱线：铟射出明亮的蓝线，铊是绿线。这两种元素是在 19 世纪 60 年代借助于刚刚出现的光谱分析法发现的。由于把亚铝作为铟和铊完全类似的东西放到一个族里，所以门捷列夫提出了一个非常大胆的设想：可以预料，亚铝也会被光谱分析发现。这就意味着，门捷列夫不仅预见了还要在自然界中寻找的客体本身的性质，而且还预见了能够导致它的发现的具体认识的方法。

让我们细想一下如下情形：人们能够从自然定律中推导出逻辑的结果，可以预见并且找到那个在自然界中确实存在的东西。但门捷列夫看得更远，他预见了这个谁也还不知道的物质以怎样的方式和最大可能地对我们的感官产生作用并引起感觉,这就成了发现这个新物质的信号。这样的预言在当时的科学界还不曾有。

最令人惊奇的是,勒科克·德·布瓦博德朗在并不知道门捷列夫的预言的情况下(当时关于门捷列夫的详细著作还没有用法文出版),借助光谱分析发现了镓。这是人类理智的辉煌胜利。它证明科学不仅能预见到人之外存在的事物,而且能预见到这个未知事物将以怎样的途径进入人的认识活动领域。

但这还远不是全部事实的真相。甚至在勒科克·德·布瓦博德朗知道了门捷列夫的预言后,他还怀疑镓是预言中的亚铝。勒科克·德·布瓦博德朗在测量了镓的比重后,怀疑加深并且变得十分自信。他得到的镓的比重为4.7,而门捷列夫预言的是5.9~6.0。这一分歧成了这个法国化学家抓住俄国化学家错误的证据。但是门捷列夫没有轻易改变自己的立场。他往法国写了一封信,在信中除了坚持自己的预见外还建议勒科克·德·布瓦博德朗更细心地提纯一下他得到的金属。特别指出,如果镓是用金属钠还原制得的话(这是通常采用的做法),则可能混有钠的杂质。钠的比重轻,甚至少量钠的杂质就能大大降低镓的比重。

门捷列夫的信使布瓦博德朗惊讶不已:要知道,当时只有他的手上有这个新元素,只有他一个人能够用感性观察它——称量、提纯、切割,等等。而门捷列夫远在圣彼得堡,他能支配的除了自己还在铝和铟之间留有空位的元素表之外别无他物,但他能根据这个空位做出判断:新金属还没有精心地提纯,所含的杂质是金属的。

但勒科克·德·布瓦博德朗无论怎样惊讶,他还是遵从了门捷列夫的劝告,特别细心地从钠的杂质中一次又一次地提纯镓。在重新测量镓的这一惹事的比重时，他大为震惊：第一次实验得出的数字是 5.90，第二次是 5.97，平均为 5.935，也就是说门捷列夫预言的数字是精确的。勒科克·德·布瓦博德朗写道："我认为，已没有必要特别说明门捷列夫先生关于新元素严密性的这一理论观点的巨大意义了。"

原来，门捷列夫以自己理论思维的眼光看新发现的元素，比凭经验发现并拿在手里能从各方面进行研究的人看得更准确、更清楚。门捷列夫毕竟是正确的，因为他依靠了他所发现的自然规律；就像伟大的化学家喜欢说的那样，自然规律是不允许有例外的。周期律好像一粒会变的"芝麻"，控制着保存自然界秘密的大门。门捷列夫就像一则阿拉伯故事里的一位主人公，说"芝麻，开门吧"，到那时隐藏着物质秘密的门就一个接一个地打开了，博得了普遍的赞美和惊叹。[①]

门捷列夫在逝世前不久所做的另一个预言也值得一提。1905 年 7 月，正值第一次俄国革命的紧张阶段，门捷列夫远离这一震撼整个俄罗斯的革命事件，思考着未来的科学，当然他是按照自己周期律的立场去理解这个未来的。早先他的注意力放在未发现的元素上，稍后转移到那些在周期系中被称为反常的元素，如稀土元素、碲和碘、钴和镍、氩和钾，乃至"宇宙以太"，而且他还指望在"宇宙以太"中找到比氢还轻的化学元素。那时他对铀特别感兴趣。1870 年，门捷列夫把铀的原子量从 120 增到 240，这样铀就成了周期系的下限，就像最初发现周期律时把氢当作它的上限一样。

---

① 这段话源出《天方夜谭》中《阿里巴巴和四十大盗》。"芝麻，开门吧"是一个咒语，说出时一个秘密宝库的门就会自动打开。——译者注

门捷列夫感觉到《化学原理》第八版将是他生前的最后一版，得赶紧向年轻一辈的科学家讲一下自己要说的话。他准备对未来的科学家留下什么遗嘱？门捷列夫的思想同我们现代科学的适应性令人震惊。他对铀的研究做了如下嘱咐："可以深信，从铀的天然产地开始对铀的研究必然还会导致许多新的发现。我大胆地奉劝诸位，在寻找新的研究对象时要特别仔细研究铀的化合物。"①

门捷列夫在解释自己的建议时说："显然，对铀的兴趣在增长，特别是当知道它与现代物理和化学的两项重要发现在许多方面有联系的时候。这两项发现就是氩元素（特别是氦）和放射性物质。前者与后者的发现仿佛是一种意外和极端情况，以某种还深深隐藏着的方式同铀元素的进化极限联系着。在不可分的原子质量中极大地集中了有已知重量物质的质量，这个高度集中的质量就存在铀中，这就首先应当拥有绝非一般的特性。"②

门捷列夫一再拒绝承认元素的可转化性，但与此相反，他觉察到了在虚假的或者陈旧的原理后面遮盖着的真理。这就是为什么他坚持要求接替自己事业的人寻求问题的答案：为什么元素周期系猝然中断在铀上？为什么在铀的原子质量集中到它的最大限度时仍然是不可分的？如果放射性以"某种还深深隐藏着的方式"同"铀元素的进化极限联系着"，那么发现这种联系方式就是未来的科学义不容辞的任务。伟大的科学家在快要离开人世时的预言已变为今日原子研究的伟大纲领……

---

① Д. И. 门捷列夫：《周期律》，第 523 页。
② Д. И. 门捷列夫：《周期律》，第 522、523 页。

在即将结束自己辉煌一生的时候，门捷列夫开始关心自己事业的未来。1905 年 7 月，他写道："我由衷地希望，为了使我毕生奋斗的业绩永不磨灭，当然不是要百世不变，而是在我百年之后还能保存相当长的时间。"[①] 他把自己的科学著作列为奋斗业绩，相信科学家还将长时间地奉他的《化学原理》为圭臬。

是的，门捷列夫对未来是深信不疑的。他继续写道："显然，周期律不会再遭到毁灭的威胁，而只是预兆着它的加固和发展。"[②] 门捷列夫并没有说错。周期律的大厦被加固和扩建了，形成了整个现代物质学说的牢固基础。没有它，20 世纪的核物理和天体物理、化学和地质学，还有物质科学的许多其他方面的发展就无从谈起。谁能知道呢？可能许多年之后，我们的子孙后代在庆祝周期律发现纪念日的时候，每一次都会发觉门捷列夫的思想还继续活在科学中，而把这些思想贡献给全世界的人也将流芳百世。

---

① 《门捷列夫的文献》第 1 卷，1951，第 34 页。
② Д. И. 门捷列夫：《周期律》，第 522、523 页。

第二章　科学的气候

　　科学是人类活动的范围，同时也是人类活动的产物。它不是在真空中而是在完全确定的历史条件下产生和发展的，这决定了科学在运动的任何一个阶段上都是前进运动。这不仅涉及科学的整体和它的个别门类的综合发展，而且涉及每个科学家的创造活动。后一种情形特别重要，因为本来任何一门科学都是从各个科学家的活动、观点、著作和他们的发现中形成的。

　　然而，不难看出，影响科学发展及其代表人物活动的历史因素，按它们自己所起的作用和它们在整个科学认识活动方面所占的比重，远不相同。可以这样说，它们之中有所谓"大范围"的因素，这些因素在整个世界或者全人类的科学范围内起作用；有小范围的因素，它们在时间和空间方面的意义上起着比较局部的作用；而有的因素甚至只对纯粹个别方面如个人性格起作用，只同一个特定的科学家的生活和创造性相联系。

　　所有这些因素的总和及其内部的相互作用构成了可以称为"科学气候"的东西，因为正是在这种情况下才可谈到那些科学赖以实现其发展的环境和条件。为了同各种范围的历史因素相适应，我们仿佛可以看到在共同的科学气候中有三个组成部分。（1）总气候，包括在世界范围和全人类科学范围内起作用的因素；（2）大气候，包括涉及在一定国度和一定时代科学发展条件的几个较小范围内的因素；（3）小气候，包括对历史科学或心理学的研究颇为有趣的和同个别科学家的创造性活动及其生活有联系的各个因素。

第一节　总气候

以作为世界现象和全人类知识总和的科学整体的发展为背景，每一个伟大的发现，无论从逻辑上还是从历史上讲，都是所有以前准备好的科学认识过程的结果。科学的伟大发现在科学的发展中通常作为已经完成的前一阶段的分界线出现，同时也可认为它是沿着已找到的道路继续前进的新起点。

这样的转折点在化学和整个物质学说的发展中屡见不鲜，因此周期律的发现首先是由以前从道尔顿和更早的波义耳和拉瓦锡开始的全部化学活动来完成的。到19世纪末，对物质的研究一直为少数化学家垄断。他们先从定性研究和定性化学分析（波义耳）开始，接着过渡到定量研究和定量化学分析（拉瓦锡），然后揭示了物质的这两个方面——定性的和定量的——的同一性。一开始这项工作看来是初步的和不完善的（第一批化学计算定律），而后则逐渐完善起来（道尔顿的化学原子论）。上述化学元素这两个方面的同一性，在每一个定量测定的元素所特有的原子量概念中得到了最精确的体现。

在化学的这些发展之后，立刻向化学家提出两个基本问题是完全合乎逻辑的。化合物微粒内部的原子是怎样相互联系的？化学元素（其中每个元素都在原子和它特有的原子量中

找到自己的度量单位）之间又是怎么联系着的呢？19 世纪 50
年代，有机化学中引入的"化合价"的概念（即当时所说的
原子价）回答了第一个问题。在这个概念的基础上布特列洛
夫于 1861 年建立了有机化合物化学结构理论。

第一个问题得到了回答后，化学正从另外几个方面寻求关
于全部化学元素之间联系的第二个问题的答案，这个问题的答
案早在寻找元素的化合价（原子价）和它们的原子量之间的
联系时就体现出来了。实际上，这两个性质在化学元素的所有
已知性质中是最根本的。门捷列夫在《化学原理》第一版中
指出，一直到今天，我们正确无误地认识的只是化学元素的两
个已测出的性质——构成化合物已知形式的能力（他命名为
元素的原子价）和称作原子量的性质，"这仍然是从根本上认
识它们的唯一途径——在这两个性质的基础上对元素进行比较
和研究的途径"。[①]

在发现周期律后又过了半年多，门捷列夫揭示了元素的这
两个性质之间的相互依赖关系。但是寻找这些性质之间联系的
必要性，是在 19 世纪 50 年代末"化合价"的概念刚刚引入化
学时才明显地表现出来。

周期律的发现还有一条路线，那就是化学元素的系统化和
分类。18、19 世纪之交，这条路线就在马尔涅和拉瓦锡的著
作中拟订，并于 19 世纪初在德贝莱纳的"三元素组"中明确
下来。元素的族或者"自然族"的发现促进了这个研究方向
的继续发展，这都是同 60 年代以前的分类法相适应的。在三
元素组和自然族中已经显露出其中元素可测性质的一定相互关

---

① Д. И. 门捷列夫：《化学原理》第 2 卷，1871，第 941 页。

系，如原子量和比重。可以看出，三元素组中间成员的每种性质的通常数值大都等于其两端成员该性质数值之和的一半，但继续对照同一族的其他成员就不会出现这种情况。

这便指出了在分类基础上所依据的原则。按此原则应把彼此相似的元素（完全类似的）连接起来，并把它们从剩下的不相似的元素中分离出来。换句话说，元素的相似（同一性）和差别之间的联系被割断，把相同的连接在一个组中，把不同的排除出去。

到60年代初，建立一个能包括所有元素的总体系，就变得更加必要了。这意味着不仅要包括相似的（按同一性的特征）元素，而且要包括不相似的（按差异性的特征）元素。然而，当时的状况不仅妨碍了这个问题的解决，而且妨碍了元素的正确排布。这意味着，它妨碍了当时化学家的正确认识。

问题在于妨碍把元素分成彼此相似的元素组并把这些"自然族"从其他元素中独立出去的习惯势力，在19世纪中叶的化学中是如此顽固，以致成了通向周期律发现和创造统一系统道路上的严重阻碍。当门捷列夫写下总结自己刚完成的发现的第一篇论文的时候，他注意到了这一点。在论文《元素属性和原子量的关系》（1869年3月）中，他用如下的话作为结语："如果我得以把研究的注意力完全集中到不相似元素的原子量数值大小的关系上的话，我的论文的目的就完全达到了。不相似的元素，据我所知，迄今几乎还未引起任何注意。"

20年之后，在《法拉杰耶夫讲座》中他指出，周期的规律性是在19世纪60年代准备好的基础上就已有的，但如果说这个周期性仅是到60年代末期才得以明确表示出来的话，据他的意见，应当看到这是因为过去只习惯于对相互类似的元素之间做比较。"按它们原子量的大小来校对所有元素的思想……与当时普遍的认识格格不入。"① 因此，当时企图把所有元素合在一起加以系统化的做法，并没有引起人们的注意，虽然其中某些人已接近了周期律，甚至看到了它的萌芽。

由此转而阐述科学发展的第二方面，即大气候，因为可以用它来说明新一代科学家的出现。这些科学家不仅要具有必要的知识，而且要有巨大的勇气，因为舍此要克服通向伟大发现道路上的障碍是不可能的。这个障碍指的是当时多数化学家的"普遍见解"。当谈到自己的前辈时，门捷列夫着重指出："果实已经成熟了，而且现在我看得很清楚，尚古多和纽兰兹比所有的人都更接近周期律，仅仅因为缺乏信心，他们没有把事情办到足以使人们看出定律或者见到定律在事实上反映出来的程度。"②

这样一来，到 60 年代化学和整个物质学说的发展从各个方面都造成这样一个结果，周期律既对以前化学的所有发展做了一个总结，同时还为化学揭开了崭新的一页，为越过以原子和元素为标志的科学达到的界限提供了可能。换句话说，为科学的发展深入微观领域提供了可能性。

第二节　大气候

科学事件是以时间和地点为条件的。为了理清为什么俄国

---

① Д. И. 门捷列夫：《周期律》，第 212、213 页。
② Д. И. 门捷列夫：《周期律》，第 213 页。

科学家解决了之前化学发展的整个进程面临的问题，需要观察一下当时科学的大气候。事实上，这里涉及的国家正是科学落后的俄国，这个国家出现的科学家不仅能够发现自然界的基本规律，而且还从中推导出经得住实验检验的结果。

直到 19 世纪 50 年代，除了罗蒙诺索夫之外，俄国还几乎没有杰出的化学家。而就罗蒙诺索夫来说，由于性格上的原因，在他之后未能留下一个强大的化学学派。相反，英国、德国、法国、瑞典、意大利甚至瑞士、荷兰、比利时和丹麦，在 19 世纪中叶和前半期在整个化学领域出现了一大批有才干的学者。门捷列夫谈到了德国、法国和英国是如何在通向发现周期律的道路上止步不前的。终究，此项科学发现并不是在这些国家中的任何一个国家里完成的，尽管在这些国家仿佛具备完成它的全部条件，且早就形成了化学家一代传一代的牢固的化学系统。

对俄国的化学大气候和门捷列夫的科学创造的分析给这个问题找到了答案。如果说俄国的化学在 19 世纪 60 年代初就开始飞快发展，那么其根本原因在于在改革时期的社会和经济发展的一般条件发生了急剧变化，在自然科学领域得到了明显反映。先进的俄国科学家，如谢切诺夫和门捷列夫，在科学的创造领域找到了自己的用武之地，他们以此来回应时代的要求，回答了摆在俄国社会和经济发展征途上的迫切问题。

关于这一点，科·阿·季米里亚泽夫在论文《自然科学在后半个世纪前 25 年的觉醒》中写道："并没有唤醒我们的整个社会处于新的沸腾之中，这可能是门捷列夫和采科夫斯基在辛菲罗波尔和雅罗斯拉夫尔当教师的年代……而当工兵的谢切诺夫正按照自己的全部艺术标准挖堑壕。"①

　　自然科学，包括化学，在范围和速度上前所未有的发展是俄国历史条件造成的直接结果。科·阿·季米里亚泽夫叙述了19世纪60年代前俄国科学发展缓慢的情况后，又举了俄国在化学上起飞的例子。他写道："10～15年内，俄国化学家不仅赶上了自己欧洲的老同行，而且有时甚至居于前列，所以英国化学家富兰克兰在观察了一段时期后满怀信心地说，化学在俄国看起来比在戴维、道尔顿和法拉第的祖国——英国要好。在那个有着特殊意义的时代和科学复兴的共同背景下，化学的成就无疑是最杰出的。"②

　　俄国先进科学队伍的年轻化无论是在时间上（19世纪60年代）还是在空间上（俄国）都是科学局部发展的重要因素。在西方国家，几个世纪以前自然科学就已经形成，其中有先进的一面，也有落后的一面。认识论和历史的辩证法常常就是这样给我们以启示的，先进的一面就是蕴藏着巨大的知识和形成牢固的科学学派，专门研究自然界的不同领域。属于这类学派的，有18世纪英国的牛顿学派和法国的笛卡儿学派；而在19世纪，化学上有德国的李比希学派和瑞典的柏齐里乌斯学派。这些学派越过它们最早产生的国家的狭窄国界，形成了世界科学的发展方向。在俄国，19世纪上半叶还没有这样的学派，不言而喻，当时在我们国家自然科学的发展是困难的，其中包括化学。

　　然而，如果说年轻时期的一般特点是经验不足和造诣不深

　　① 《19世纪的俄国历史》卷Ⅶ，莫斯科，1936，第4页。
　　② 科·阿·季米里亚泽夫：《19世纪60年代俄国自然科学的发展》，莫斯科，1920，第26页。

的话，那么他们却有不受偏见和陈规旧习束缚的优越性。这些陈旧的传统有时束缚了他们进行创造性探求的手脚，只是把这些探求纳入以前某个时候是进步观念的轨道，但现在这个观念却已变成科学运动的障碍。如果说在西方国家这种占统治地位的门捷列夫所说的"普遍见解"只承认某一种理论或某一种推理方法是唯一可行的，那么科学家就需要有巨大的决心，站出来反对那个"普遍见解"而不怕指责。例如，当纽兰兹遇到别人对自己"周期律的召唤"（按门捷列夫的说法）的思想进行嘲笑时，他却找不到力量来克服在英国（不仅仅是英国）完成发现的道路上的障碍。

刚刚觉醒的俄国科学在模仿当时西方自然科学创造的珍贵的和先进的东西时并不紧迫，同时也模仿了"普遍见解"的偏见。相反，正因为在俄国存在一股力量，在吸收了西方自然科学的最高成就之后，突然一下子使自己前进得很远，在科学上超过了自己外国的老同行。例如，在生物学上，俄国的学者发展了达尔文的思想（他的书在1859年出版），并且把这一思想推广到自然界的新领域——有生命界乃至无生命界（请回忆一下克鲁克斯所说的"无机界的达尔文主义"）。

在化学中也出现了这种状况。19世纪60年代，在有机化学上甚至有些智力超人的化学家也屈服于"定型的"观念，用这种观念的论述对化学过程进行理论解释以适应最简单的"定型的"事例。甚至像凯库勒这样杰出的化学家，也习惯于在形式化的范畴内进行思考，这不仅妨害了他的创造，甚至妨害了他对布特列洛夫创造的化学结构理论内容的理解。这种经验主义的思维倾向，无论如何都不能帮助英国的奥特林和德国的罗道尔·迈尔看出包含在他们的图表中并能给这些图表的思想做出理论解释的自然规律。此外，绝大多数西方化学家深信，元素的系统化不可能进一步把它们按其个别成员的化学相似的特征分成独立的族。像布特列洛夫克服了有机化学中定型的概念这个障碍一样，门捷列夫也粉碎了仅在特殊族的范围内对系统元素的认识上和心理上的习惯性障碍。

这就是 19 世纪 60 年代化学发展的大气候。

第三节 小气候

说到小气候，我们是指把科学家的性格作为个人，一个社会活动家和一个科学工作者的性格来看待。换句话说，在这里我们感兴趣的是科学家的传记，他的个人兴趣、嗜好和习惯，他的家庭、中学、大学及他的老师和同志，还有科学上的同事和合作者，再有就是他的学生和追随者，乃至批评者和反对者对他的影响。这一切同科学的总气候以及科学的局部性大气候的相互作用中，才能研究和弄明白这个科学家是怎样发现和怎样课题的，以及这个发现是怎样由于科学家的活动进入科学界共同的意识领域并在科学上巩固起来成为客观真理的。

在对个别科学家的科学小气候的研究中，我们发现，科学家的整个传记和心理特征问题占有特殊重要的位置。附带指出，这种传记一般来说是纯粹叙述性而不是分析性的描写。因此，严格地说，在多数情况下，它们不是科学家的传记。这样做可较快地查明科学家的生活情况并记述他的活动，但里面没有阐明是什么促成了科学家在科学上的伟大成功。

如果说周期律的发现在 19 世纪 60 年代初已经成熟，但过了 10 年后才完成，那么正如门捷列夫指出的那样，这是有重要的原因的：在沿着总气候这条路线上，产生了妨碍看到不相似元素之间相互关系的障碍；而在科学大气候下，各国缺少决心把事业摆到无负于自己职责这样高度的科学家。门捷列夫完成了发现，我们可以从中分析为什么是他完成了这一时代赋予的任务。

首先，门捷列夫有着惊人的多方面的兴趣，他的浓厚兴趣不仅在于化学——有机、无机、物化和未来的胶体化学，而且还有与此相联系的物理学的许多分支——液体和气体物理，物理测量（测量学）的理论和实践等。在上述方面他都做出了杰出的发现，写出了有价值的著作。他把自己的科学研究以最密切的方式同实际联系起来，同技术、工业、生产的需要联系起来，并且从事化学工艺、实际的度量衡学（在度量衡局工作）、气象学（研究大气和同温层，当日蚀时乘热气球进行观测）等方面的研究工作。他还经常接触生物学、矿物学、晶体学、地质学、力学方面的知识。从这些科学中他总是努力汲取对生产有用的东西，加强理论和实际的联系。他创立了石油起源的假说，设计仪器和军舰，对寻找和利用有益的矿藏包括顿巴斯的煤等都感兴趣。

学者的思维从自然科学的深处转到了工业组织、国家工业化问题，后又转到了经济、社会政治和宇宙观问题。宇宙观问题是《化学原理》中非常杰出的理论，门捷列夫提出了唯物主义的见解，其中包括同降神术做斗争。那些进步的科学家，像生物学家华莱士、物理学和化学家克鲁克斯以及有机化学家布特列洛夫等人都成了降神术的牺牲品。

我们指出的这一切，说的不是某种发现的局部特征，而是对当时构成它的全部发展核心的整个化学的理论综合，也是对所经过的道路和发展前景的重要总结。这不仅是一门化学，而且包括所有同它邻近的自然科学——物理学、矿物学、晶体学、地质学，特别是未来的地质化学等，也是如此。这样视野广阔的理论综合是目光短浅的科学家难以完成的，因为目光短浅的科学家即使走在通向发现周期律的道路上也无法胸怀整个发现，他仅能看到问题的某一侧面，仅会用经验图表把当时已知的所有元素组联结起来。用这种方法和从这一视野出发来寻找表示元素内部本质的概括无遗的规律性，只会把事情归结为从外部对已知事实进行简单的对比，然后把它们归纳到某些图表里。

现在让我们来看一看门捷列夫在发现中是怎样向我们表明他的创造性的。在《化学原理》中他说出了四个"事物的侧面"，对这些侧面的仔细研究促使他发现了周期律。

这些"事物的侧面"是未来定律的各个方面，表示各个元素在化学侧面（盐型化合物的组成）和物理侧面（相似化合物的体积）以及矿物学与结晶学侧面（类质同晶现象）和物理化学侧面（化学元素的原子量关系）表现出来的相互关系。为了研究事物的所有侧面，科学家应当既是化学家又是物理学家，既是物理化学家又是矿物学家和晶体学家。最重要的是，他是一个有哲学思想的研究者，精通这类科学的结构方法，借此才能实现科学的综合，对宽无边际的经验材料进行广泛的理论总结。

门捷列夫正是这样的科学家，大学时期他就开始了自己的科学活动。1854 年，这个 20 岁的青年就完成了矿物学教授 C. C. 库达尔加委托的第一项研究任务。在芬兰旅行时，库达尔加找到了若干矿物（褐帘石和辉石），并委托门捷列夫做化学分析。这两项虽然不大而本身又无多少趣味的工作任务却激发了门捷列夫研究同晶现象的热情，他写出了自己的第一篇学位论文《同晶现象同组成形式的其他方面的联系》（1854～1855）。他后来回忆说："写作这篇学位论文更加把我吸引到化学方面的研究中，许多事情就这样由它决定了。"①

在研究同晶现象时，门捷列夫找到了这一现象同元素及其化合物的三个可测性质即原子量、比重和比容之间的联系。这些相互关系激起了他研究比容的兴趣，因为在族的范围内它们从一个元素向另一元素以明显的规律性变化着，这样就诞生了第二篇学位论文《论比容》（1856）。众所周知，元素的比容是原子量与比重之比。因此，门捷列夫在这里研究了原子量与元素以及它们的化合物的比容的联系，和在同晶现象研究中的情况一样。在这种情况下，时常显露出在个别族内元素按原子量大小排列的某种规律性。

物质的性质同原子量和分子量有相互依赖关系的思想是门捷列夫后来才有的，是在研究液体的毛细现象也就是当他到国外第一次科学考察时（1859～1860）产生的。回到俄国后，他对有机化学产生兴趣并编写了这门课程的教科书，还在此基础上建立了极限理论（1861）。他一开始仅仅把这个理论应用于分析碳系化合物，随后把它推广到分析其他元素的化合物包括氮的化合物。这样一来，该理论就摆脱了有机化学的框架而进入无机化学之中。

这个理论的重要之处在于指出了元素（首先是碳）的某种特征的最高极限，超出这个极限它同其他元素组成化合物就

---

① 《门捷列夫文献》第1卷，第44页。

不可能了。普通的加成反应只要达到这个极限就不能继续进行了。在应用到氧化物中时也促成了最高的或极限形式的成盐（"成盐"是门捷列夫的专有名词）氧化物的发现。

事物的第四个侧面，即元素原子量之间的相互关系，在德国卡尔斯鲁厄召开的第一届国际化学家代表大会（1860）后尖锐地摆在了门捷列夫的面前。他在《法拉杰耶夫讲座》（1889）中指出，只有在确定了正确的原子量之后周期律才能被发现。门捷列夫说："而只有这样才是正确的，不是任何假定的原子量都能够应用于综合。大量的例证指出，至今仍可以清楚和直接地看出如下关系：

$$K = 39 \qquad Rb = 85 \qquad Cs = 133$$
$$Ca = 40 \qquad Sr = 87 \qquad Ba = 137$$

而如果比较其当量，形式如下：

$$K = 39 \qquad Rb = 85 \qquad Cs = 133$$
$$Ca = 20 \qquad Sr = 43.5 \qquad Ba = 68.5$$

那么改变原子量的那种一致性完全消失了，它们作为真正的原子量是如此之明显。"[1]

从 1867 年秋起，门捷列夫开始在圣彼得堡大学讲授无机化学，不久就动手写作《化学原理》。门捷列夫事后指出："写作时研究了许多东西，如 Mo、W、Ti、Ur 等稀有金属……这里有许多独立的细节，而重要的元素周期性是在写作《化学原理》时发现的。"[2]

正是在详细研究事物的第四个侧面的过程中，门捷列夫完

① Д. И. 门捷列夫：《周期律》，第 211 页。
② 《门捷列夫文献》第 1 卷，第 53 页。

成了自己的伟大发现，稍后他把事物其余方面的知识也包括到这个理论总结中。这样，在1869年8月他发现了原子体积的周期性，在10月发现了成盐的化合物最高（极限）形式的周期性。这意味着已经开始的理论总结的第一种情况包括了事物的第二侧面的材料，而第二种情况则包括事物的第三侧面的材料。

门捷列夫从事事物的第四侧面的研究工作达15年之久，最终促成了周期律的发现。在这个工作的进程中结论变得越来越清晰：应该看到原子量是比较所有元素的关键，其中当然包括完全不相似的甚至是化学性质直接相反的元素。

第四节　它们的相互作用

现在让我们从确定科学气候的所有三个因素相互作用的观点来观察周期律的发现过程。请注意门捷列夫把两个完全不同计划的事情交错到一起的情形。第一个事情，由于对早就积累好的实际材料的理论总结，发现了新的自然定律；第二个事情，预备乘火车出发到合资经营的干酪制造厂，可参见发给了门捷列夫休假证明（图2），假期共12天，到2月28日（旧历）结束，但后来又延长到3月12日。

第一件事情是科学家的科学和教育活动的结果，第二件事情是由于他醉心于俄国在变革时期国民经济发展的新经济形态而发生的。在发现元素周期律的日子里这两件事仿佛一个贴在另一个之上，这为科学创造提供了非常特殊的条件。我们可以把发生的这种情形同象棋游戏中仓促的"急着"做比较：由

图 2　门捷列夫出发去干酪制造厂考察的证明

于门捷列夫急于要在这一天内尽快出发到干酪制造厂，他必须集中全部精力，在这一天内不得不完成这件在别的情况下需要更长的时间才能完成的工作。这样一来，乘火车去干酪制造厂一事就成了特殊的推动力，它在这一天不断鞭策着科学家寻找新自然定律。

我们已经提到非常有趣的细节：门捷列夫的第一批草稿是写在自由经济社会长阿·伊·霍德涅夫来信的背面，此信是为了谈关于去干酪制造厂的事而写的。在这个事实中仿佛贯穿着门捷列夫感兴趣的两条线索，标志着像考察干酪制造厂这样平常的事务干预了科学创造的过程，但他的兴致、兴趣和要求交织在一起，时而彼此妨碍，时而相互促进。而对于像门捷列夫这样多才多艺的天才来说，这是正常的状态。

门捷列夫在霍德涅夫来信的背面记述了发现的最初时刻的情形：门捷列夫第一个思想火花显然是按照原子量的大小来比较在化学性质上不相似的元素，而不是相似的元素。这在当时是从未发生过的。确切地说，门捷列夫当时还不知道这样的尝试。在第一次笔记里比较的是两个元素的符号——Cl 和 K。在化学上这两个元素是极端相反的，氯是卤素，钾是碱金属，它们永远彼此对立，而且绝不能接近。然而，这两个元素的原子量却很接近，Cl = 35.5 和 K = 39.1；两者之间在当时还不存在其他元素（氩是过了 25 年之后才发现的）。两年半后，门捷列夫在论文《元素的周期性》（1871）里写道："从氯到钾的过渡以及诸如此类的发现也是在许多方面同它们之间的某种相似性相适应的，虽然在周期中没有其他元素在原子量上如此接近，它们之间在性质上却如此不同。"[1]

很显然，采用按照原子量大小使不同族的元素接近的方法，门捷列夫应当发现整个卤素族同碱金属族正是按照原子量的数值直接衔接着的，而且整个卤族的原子量（在几个原子单位的限度内）毫无例外地比碱金属小。在许多其他非常仔细地研究过的族中也能发现同样的情况。总计有一半元素可在构成的元素系统中找到自己的位置。

对当时全部已知的 64 个元素的排列始终是使用已发现的秘诀。

但在这里产生了技术性的困难，即随着包括到表中来的元素数量增多，特别是对其性质研究不足的元素增多，表的形式

---

[1]　Д. И. 门捷列夫：《周期律》，1958，第 121 页。

变得愈加复杂。不得不把这些元素来回挪动位置：有的必须删去，有的又要重新填上；有时元素占据了空出的位置，过后又把它们移出排到新位置上，如此反反复复。为了不致最后弄糊涂，需要每次重新填写一个表，就这样耗费了时间，降低了速度。抄写分散了门捷列夫的注意力，使紧张到极点的科学家疲惫不堪。所有这些都是在最剧烈的"急着"的条件下发生的。

然而，在这里有一个纯属同他私人生活相联系的小气候因素的情节，给了门捷列夫重要帮助。门捷列夫喜欢在休息时间摆布自己想出来的牌卦，如果它不是在周期律的发现中突然起了重要作用的话，那么在分析科学家的创造性时甚至不值一提。然而，正是牌卦的思想暗示了门捷列夫在最短的时间内完成发现的方法，这是在"急着"的条件下迫使他走这条路。

上述情况清楚地指出，属于整个科学气候的如此不同的因素，在伟大学者的创造中是怎样奇妙地交织在一起的。在诸因素中我们寻找了全世界历史范围内的因素，以及涉及仅是个别国家和个别历史时期科学发展的因素。后者虽然范围要小一些，但在科学的发展中起着不可比拟的、具体的决定性作用，因为它们回答了如下问题：为什么事件是这样而不是那样发生？它的根源何在？它的直接原因是什么？最后，后面的一组事实，其中包括一些最小的同科学家的传记相联系的情节，是一些具体细节。

懂得了发现的历史、发现的内部过程、完成发现的原因和情形，就意味着懂得了所有这些因素在它们相互联系和相互影响中的作用。不然的话，对发现的分析将不可避免地会是不完全的、片面的，或者多半带有一般逻辑性质的推测，或者是纯粹历史性的，或者是狭隘的传记性的。周期律发现的历史是有趣的，特别是它提供了用同一性观点和所有三大因素相互作用的观点进行观察的大量材料。

现在我们多少讲一讲哲学方面的问题：与不同的科学气候相适应的上述因素的特征是什么呢？第一组因素属于科学发展的总过程，属于它的内部逻辑。它包括全部共同的因素，包括具有全人类特征的所有科学。它是不以其外部存在和主观意志为转移的，是人类对所研究的整个客观对象认识的结果和表现。

一系列大气候因素反映了科学发展的特殊性及其与具体历史条件的依赖关系，除此以外是不可能理解事件发生的具体原因的。

最后，带有大部分心理学性质的一系列科学小气候因素，体现了科学家的个性和特点，因而也体现了科学家完成他的发现过程的独特性。

只有在这三组因素的统一和相互作用中，才有可能揭示科学发展的辩证法，其中包括每一个具体的科学发现的辩证法。无论是普遍的、特殊的还是单一的事件都不是孤立地存在着，它们作为不同方面汇合成一个完整的统一体。因此，它们都不能脱离其他因素孤立地表现出来，而只能以一个整体或者其中一个通过另一个的方式被认识，或者在一个因素中认识另一个因素。如果有时我们不得不分割这个复杂的历史认识过程，从一个整体中抽出任何一个方面来认识，那么就应当永远记住，这仅仅是把整体的历史过程化整为零的一种手段，是我们以自己的抽象思维人为地把它分割开来。

单一性、特殊性和普遍性的范畴不仅帮助我们从整体上分析和反映全过程，而且有助于分析和反映个别的因素，如构成科学过程总气候的那些因素。

让我们以周期律的发现为例，来研究自然界新的普遍规律发现的准备过程中的辩证法。这个定律反映了统一中的由辩证法的相应范畴表示的所有三个方面。这个定律的寻找仿佛是沿着台阶走路一样，按部就班地对事实的各方面一个接一个地揭露和认识。

开始时，对化学元素的认识是处于单一性的阶段，当时一个接一个地发现元素，认识它们的性质和它们的化合物。这个阶段一直延续到18世纪中叶，稍后新元素的发现不仅是单个的，而且是整族的。

19世纪，找到某种新的（特殊的）物理或化学的研究物质的方法（电解、光谱分析等）促成了整族的化学上相似的元素的发现，从而从发现它们的时候起就按相似性的原则把几个元素联系在一起，并作为特别的族在化学上得到验证。

与此同时，产生了化学元素的分类，那就是以相似的性质为基础把它们联系在特别的族中，这是对元素认识的特殊性阶段。但是化学家的思维在这个阶段停滞得太长了，好像已固定在这上面似的，不肯再往普遍性的发现方面继续前进。以特殊性范畴表示元素间的关系和它们性质的习惯势力在化学家的意识中已成为一种障碍，这一点我们不止一次提到。

门捷列夫的成就正在于此，他扫清了阻挡化学和整个物质学说进步的障碍。他指出，在化学上不可能只引用一个特殊性的范畴，并用这一理论把元素学说提到高一级的阶段——普遍性的阶段，这在周期律中得到体现并为他的元素周期系打下了基础。

在 1870～1871 年的日记中,门捷列夫写道:"科学就是在探索共同的东西中形成的。在元素中有共同的东西……但是把太多的东西认定是特殊的……把这些特殊性通过共同的思想联系起来是我的自然系统的目的。"[①] 日记证明,哲学的思想和完成发现的意义对发现者本人来说是很清楚的。

---

① Д. И. 门捷列夫:《科学文献》第 1 卷,莫斯科,1953,第 618 页。

第三章 多中选优

本章我们将叙述元素周期系的图表形式以及它的各种几何形式。现在先谈谈门捷列夫在发现和详细研究周期律的年代自己提出来的形式，再讲他认为是最完善的甚至是最理想的形式。

乍一看，似乎觉得门捷列夫周期律的表现形式一般来说并不是本质的：定律如何表示反正不都一样吗？重要的是把定律清楚准确地表达出来，使本质不被附加的情况掩盖。然而，事实上远非如此。形式任何时候都不能和它所包含的内容脱离，至于自然定律，它的表达形式，无论语言的还是数字公式，对于这个定律的理解都有着很重要的意义。

我们已经谈到门捷列夫在初期应用的正是周期律的图表形式。到后来，他能够从当时已知的所有元素图表的外部看到隐藏在图表中的新的自然定律，这是其他化学家——他的前辈和同时代人做不到的。

我们将进一步谈谈元素周期系的图表式样。

第一节 一览表式

在周期律的发现及其理论完成的年代，即 1869 ~ 1871 年，门捷列夫仔细地研究了元素周期系的所有基本的图表形式。第一，长的——大周期不分开，而把每个小周期"拉长"到在相应的位置上形成缺位的大周期类型；第二，短的——小周期（八个元素的，认为是有八族）不拉长，而把每个大周期分为双行，变为两个小周期；第三，梯形的——大周期和小周期分别一个挨着一个作为一整行排着；第四，联合型的——大周期不成双行，而两个小周期联合成一个大周期；第五，分隔型的——小周期从大周期中分出单独排布。后三种形式实质上是变化了的长式图表。

在编制图表形式时，门捷列夫找到一种能校正凭经验找到的许多元素原子量的方法，而且更重要的是，它能够比较精确地预测没有发现的元素和它们性质的数值。在编织门捷列夫科学创造的桂冠中，这个短的经典图表在这方面起着重要作用。

让我们按照图表的产生和逐步完善的历史顺序来分析每一张图表。这里我们将从三个维度——垂直的、水平的和倾斜的——来观察这些表。它们反映了化学元素之间相互联系的不同侧面。我们已经知道，化学元素周期律是以将单个的天然元素族相比较的方法发现的。门捷列夫运用这种比较法，一个族接一个族地进行比较直到形成总的元素表。后来经他再三地补充才算完成，结果总表终于包括了所有元素。

当然，门捷列夫首先开始比较普通的大周期和小周期元素族，包括碱金属、碱土金属、卤族（卤素）、氧族、氮族和碳族，共六个族。计入其中的硼族当时仅有一个硼，因为铝作为"土"元素没有同硼发生联系，而是同铁联系在一起；铊同碱金属联系在一起，而铟研究得太少，在表中还找不到它的位置。结果连硼加在一起总共得到的正是那七个基本族（主族），由此可以构成小周期并使它们同大周期的地盘相适应。但是，在这一发现的初期硼族是缺席的，因此一般对未来的所有周期——小周期和大周期只能谈到六个族。

在完善周期律时遇到的巨大困难，源于错误地采用了一系列元素的原子量的值和它们的氧化物的相应的不正确的分子式。例如，铍采用了分子式 Be_2O_3（由此得到 $Be = 14$）和矾土的分子式 Al_2O_3 对应，这是由于这两种氧化物显示出相似性（而后这种状况迫使门捷列夫从倾斜的方向研究周期律的图表）。其次，没有充分的把握认为碱土金属的真正原子量大于它们当量值的 2 倍。为了同这许多金属相适应，就把它们的原子量误写成了其真实原子量的 1/2 或者 1/3。这在个别情况下是由不正确的编族造成的。例如，落在土金属总族里的元素，像我们看到的铍、铝和铁，实际上属于不同的族。

然而，所有组成小周期和大周期主族部分七个族中的六个元素族，已经有了形成图表核心的可能，成了推想未来元素周期系的基础。

在门捷列夫发现的日子里共编成了四张表，前两张是不满的，以上述六个族为主；后两张是满的，是草稿的（牌卦的）和誊清的（排字的）图表，被他寄到印刷厂去了。从这两张不满的图表中得以看出，在总的方面门捷列夫以原子量减少的次序十分满意地比较了六个族。这些族（从上至下）是碱土金属、碱金属、卤素、氧族、氮族和碳族。

在周期律刚发现后的第一篇论文《元素的性质同原子量的关系》中，门捷列夫写道："按照它们原子的重量来比较迄今已知的单质的族，得到的结论是：根据其原子量来分布元素的方法并不和元素间存在的天然相似性相矛盾，相反，却是直接表明了这些相似性。比较下列六个族就足以说明问题：

	Ca = 40	Sr = 87.6	Ba = 137
Na = 23	K = 39	Rb = 85.4	Cs = 133
F = 19	Cl = 35.5	Br = 80	I = 127
O = 16	S = 32	Se = 79.4	Te = 128
N = 14	P = 31	As = 75	Sb = 122
C = 12	Si = 28	—	Sn = 118

这六个族清楚地表明元素的天然性质和它们的原子量的大小之间存在某种精确的关系。"[①]

经过对六个族的比较，可以得出化学元素之间存在周期性依赖关系的结论。如果在钠和硅之间放上 Mg = 24 和 Al = 27.4，这个性质就会更加明显。但是元素性质的周期性没有它们也已经表现得非常明显，从弱的非金属（碳）向越来越活泼的非金属（氮、氧和最后的氟），非金属的性质开始逐级增长。然后产生了从氟到非常活泼的金属（钠）的剧烈突变，钠的原子量（Na = 23）衔接着碳的类似物硅的原子量（Si = 28）。在硅之后仍旧循序渐进到磷（类似于氮），然后到硫（类似于氧），而最后到氯（类似于氟）。在这之后实现了从强的非金属（氯）向活泼的金属（钾）的突变。从前一行上面的终点和后一行底下的终点这种类似的联结闭合恰好得出元素周期依赖性的共同结论。不用说，这种依赖性比在化学牌卦的结果中表现得更为明确。

关于这一点，门捷列夫解释说，他把元素符号写到单个的纸片（纸牌）上，还写上它们的原子量和最主要的性质，然

---

① Д. И. 门捷列夫：《周期律》，第18、20页。

后按照元素的化学相似性和原子量的接近选配纸牌。结果他很快得出元素的性质对原子量有周期的依赖性关系的结论。"有时会对许多模糊不清的地方表示怀疑，但我任何时候都不怀疑做出的结论的普遍性，因为假定的偶然性是不可能的。"[1]

元素按照化学相似性（在族里）和按照原子量的值（在周期里）的接近恰好确定了元素图表中两个基本的——垂直的和水平的——方向。可以坚信，尽管只组成了一个相对完整的周期，但周期律的发现已成为现实，因为要构成这个相对完整的周期，至少需要之前说过的六个族的成员。

由不完整的六个族的图表达到完整的元素表有两条途径（如果不考虑六个族的每个族，还要补充并且添加硼族和铝族的话）。第一条途径是构成长表，表中组成未来大周期中心的那些元素不排布在六个族原先的小表内，而是排在它外面上下的边缘。第二条途径是构成短表，把这些元素（除了未来第八族的家族之外）排布在由六个族组成的原来的小表内，在与它的基本表之间相隔的中间位置。

一开始门捷列夫试图采用第二种方法。这样，在编制那两个不满的表时他在第一个表中给碳系（族）加上一个锆（Zr = 89），而在另一个表中添了一个钛（Ti = 50）。在排布化学牌卦时他又回到这个思想。在氮族和碳族牌卦的一个阶段有如下形式：

| N = 14 | P = 31 | (V = 51) | As = 75 | Sb = 122 | Bi = 210 |
| O = 12[2] | Si = 28 | (Ti = 50) | — | (Zr = 90) | Sn = 118 |

[1] Д. И. 门捷列夫：《周期律》，第 326 页。
[2] 原文为 O = 12，疑为排印错误，应更正为 C = 12。——译者注

在括号内是大周期中间的元素。它们落到主表的间隔上，这意味着大周期实际上被分成了两部分，每部分组成小周期的一列。

但是这种不完全的类似物接近的原则未能够坚持下去，门捷列夫拒绝了把不完全的类似物排列到完全的类似物之间的间隔上的想法。他以长表的形式完成了自己的发现：他把大周期中间的元素排布到原来六个族的小表的边界（上面和下面的边缘），而把其他很少研究的七个元素直接摆到图表之外，仅用纯机械的和表面的形式与图表连接。然而，这并不意味着他拒绝采用短表。在关于周期律的第一篇论文中我们可以看到："钒，根据罗斯科的研究来判断，应当排在氮这一行，它的原子量（51）迫使它占据磷和砷之间的位置。物理性质是决定钒到这个最确定的位置上去的主要因素，因为钒的氯氧化物 $VOCl_3$ 在 14℃ 时是液体，比重是 1.841，沸点是 127℃，同它接近的正是相应的磷的最高化合物。把矾放到磷和砷之间，我们发现这样一来以前表里钒适合特殊的一栏。在这一栏中在碳的一列内发现了钛的位置。根据这个系统，就像钒属于磷和锑一样，钛完全准确地属于硅和锡。在它们下面，即氧和硫所在的下一列，可能需要写上铬；这样铬也完全属于硫和碲了，就像钛属于碳和锡一样。当时锰 Mn = 55，应当介于氯和溴之间。这样就组成了表的下列部分：

Si = 28	Ti = 50	? = 70
P = 31	V = 51	As = 75
S = 32	Cr = 52	Se = 79
Cl = 35.5	Mn = 55	Br = 80
……		

从上面看出，在砷和锑之间还需要有一栏，在这个族里占据着同钒和锑相似的铌，Nb = 94……当时在碳和锡的列里，接近锡的应当是锆，它的原子量小于锡而大于钛。这样一来，在这个水平列里剩下了一个元素的空位，位于钛和锆之间。"[1]

在这里，就像我们所见到的，门捷列夫完成了元素表的草稿，并继续发展他在发现的那天排布化学牌卦时所产生的思想。从上面引文中可以明白看出，进一步研究图表的简明形式预示着准确地预测未被发现的元素及其性质是可能的，在这种情况下门捷列夫预言了未知元素"？= 70"，在1886年它具体化为锗。

然而，在3月1日以后的某段时间内，他不想应用短表，而想继续应用第一次发表的长表。在这种情况下他的根据是什么？让我们就这个问题做出有力的回答。

在我们看来，门捷列夫懂得要使发现更加精确和完善，必须首先特别注意其最主要的东西——它的本质。而这个本质他用下面的话来表示："按原子量的大小排列的元素呈现出性质的明显周期性。"[2]

这个周期性表现最明显的正是仅把一些完全的类似物处在一个列中的长表，如碱金属和完全独立于它们的铜族。这两个族联结成一个，像门捷列夫开始考虑的那样，在那里完全的类似物同不完全的类似物更替，就会使性质的明显周期性模糊起来。因此，在首先竭力表现周期律内容中最主要东西的时候，门捷列夫采用了长表。最初他就看到了借助另外的短

① Д. И. 门捷列夫：《周期律》，第24、26页。
② Д. И. 门捷列夫：《周期律》，第30页。

表来表示周期律的办法，甚至认为编制这种短表是必需的。发现的逻辑使他一开始就把完全的同族元素接近起来，此后试图把和它们仅有某些相似的（不完全类似的）其他元素同它们衔接上。

当短表的一部分进入论文中时，门捷列夫觉察到："很明显，一个水平系列成员天然性的联系就这样被扯断了，虽然锰同氯有某些相似性，就像铬同硫那样……尽管如此，但是我难以决定，根据除它们外剩下的相似元素无疑属于不同列的理由来建立上述两栏。完全可以指出，Mg、Zn 和 Cd 与 Ca、Sr 和 Ba 显示出许多类似之处，而把这些东西随便混合到一个族里——Mg = 24，Ca = 40，Zn = 65，Sr = 87.6，Cd = 112，Ba = 137 就意味着破坏了元素天然的相似性，在我看来是这样的。"[1]

就这样，起初在门捷列夫看来短表是很不完善的，在门捷列夫眼里，拒绝使用短表而运用长表或者梯形表是正确的，他把此表（图 3）作为《元素系统刍论》的基础写在一张纸上，然后把《元素系统刍论》用俄语和法语印好，分送给外国科学家。

第二节　从长到短

从表的直观性上看，长表使门捷列夫发现的元素间很复杂的和多方面的规律性联系，显得过于简单和贫乏。在突出地反映发现的周期律最主要的、最普遍的特征时，它忽略了周期律

---

[1]　Д. И. 门捷列夫：《周期律》，第 26、27 页。

ESSAI D'UNE SYSTÊME DES ÉLÉMENTS

D'APRÈS LEURS POIDS ATOMIQUES ET FONCTIONS CHIMIQUES,

par D. Mendeleeff,

profess. de l'Univers. à S-Pétersbourg.

```
                    Ti=50    Zr= 90   ?=180.
                    V=51     Nb= 94   Ta=182
                    Cr=52    Mo= 96   W=186.
                    Mn=55    Rh=104,4 Pt=197,4
                    Fe=56    Ru=104,4 Ir=198.
                 Ni=Co=59    Pl=106,6 Os=199.
H=1                 Cu=63,4  Ag=108   Hg=200.
         Be= 9,4 Mg=24 Zn=65,2  Cd=112
         B=11  Al=27,4  ?=68    Ur=116  Au=197?
         C=12  Si=28    ?=70    Sn=118
         N=14  P=31  As=75    Sb=122  Bi=210?
         O=16  S=32  Se=79,4  Te=128?
         F=19  Cl=35,5 Br=80  I=127
Li=7 Na=23    K=39  Rb=85,4  Cs=133   Tl=204.
              Ca=40  Sr=87,6  Ba=137  Pb=207
              ?=45  Ce=92
          ?Er=56  La=94
          ?Yt=60  Di=95
          ?In=75,6 Th=118?
```

18年69

图 3 《元素系统刍论》中的短表（按新历注日期）

比较局部的具体表现，而这种表现对于从中得出重要的逻辑结果有着非常重要的意义。换而言之，就是把对周期律的研究进行到底，使它具有最圆满、最完善的形式。为达此目的，仅有一条途径即是把长表转变成短表。这个转变过程始自 1869 年的夏天和秋天，到 1870 年 11 月才完成。从长表到短表的转变使科学家付出了近两年（确切地说，是一年零九个月）非常紧张和繁重的劳动。

必须研究短表的决心是从二联的大周期开始产生的，概括地说，当门捷列夫得出普遍特征的结论时，仿佛所有化学元素一方面都处于同自己完全类似的元素的联系中，另一方面又同不完全的、仅仅是部分类似的元素联系着。当时在按原子量的大小排布的所有元素的总系列中，完全类似的元素与不完全类似的元素混杂着，镁（Mg = 24）后面出现了碱土金属（Ca = 40），接着是锌族金属（Zn = 65），再往下是碱土金属（Sr = 87.6），等等。在碱金属、铜族金属和其他许多金属排布情况中也观察到了同样的现象。

完全的和不完全的类似元素的这类交错现象，证明了两个不同类型的元素之间存在两方面的联系：完全类似的元素之间的联系（它已经表现在长表中）和不完全类似的元素之间的联系（它应当表现在未来的短表中）。在元素的区别缩减到最低限度时，短表在反映元素的完全相似性的同时也恰好反映了不完全相似性（包括元素之间的区别）。摆在门捷列夫面前的任务简述如下：找到一种图表的即一览表式的方法来比较准确地表示似乎在元素的相似性内含有的细微差别（不相似性）。

在第一篇论文的结尾，门捷列夫写道："如果我能够把研究的注意力集中到不相似元素的原子量大小的关系上的话，我这篇文章的目的本来是完全可以达到的。在这方面，据我所知，至今还没有引起任何注意。"[①]

在长表中是以接近和比较像碱金属和卤素如 Cl = 35.5 和 K = 39.1 这样极不相似的元素达到这个目的。也正是从这个比较开始，严格地说，周期律的发现是在阿·伊·霍德涅夫的信的背面上的首次推论开始的。

在短表中接近和比较的是彼此很少相似的元素，也就是不完全类似的同族元素，它们之间的不相似性多于相似性。Cl = 35.5 和 Mn = 55 或 K = 39.1 和 Cu = 63.4 就是如此。这些元素

---

①　Д. И. 门捷列夫：《周期律》，第 31 页。

间的相互关系更细致、更复杂，不像钾和氯那么明显和引人注目，恰好应当用短表来表示。自然，由于必须考虑到元素间极为复杂的相互关系，短表的加工编制比长表需要更多的劳动，以及大量精力和全部聪明才智。

因为长表已经发表，话题可以转到寻找从长表向短表转变的通用方法，即可以使系列变成双行的办法。

在门捷列夫编制的一张草表上，我们可以明显地看到，在周期律发现后很快就把这个方法视作用图表指明，把大周期中间的元素夹杂到完全类似的元素之间的间隔中去。在用折线标明这一夹杂后，显然应为下列形式（图 4）：

F	Cl		Br		I
Na	K	Cu	Rb	Ag	Cs
Mg	Ca	Zn	Sr	Cd	Ba

图 4　标明元素成双行的元素系列（推测在 1869 年 2 月底）

系列成双的过程表现得很明显，如果把族的水平排列转变为垂直的排列并从碱金属周期开始，那就和现在采用的做法完全一样了。在这种情况下最初的《元素系统刍论》的相应部分看样子将是下列形式：

箭头标明了应当把碱金属和碱土金属移过去的地方，在移动之后为排列大周期的中间部分空出了位置。

箭头标明了在系列成双行时每个大周期的"尾巴"往右

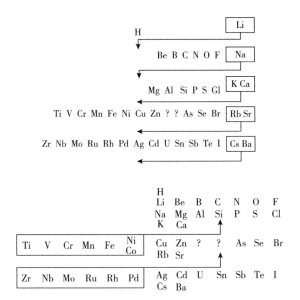

移动并成为相应的由碱金属和碱土金属开始的系列的延续，钛排在硅之下，锆排在锡之上。结果旧的长表的这一段变为短表的一个组成部分，这时当然要求准确性，特别是未来第八族部分的准确性。图 4 显示了元素系列成双的过程。这样一来，系列成双以后我们得到：

```
小周期      H
 》》      Li  Be   B    C    N    O    F
大周期      Na  Mg   Al   Si   P    S    Cl
 》》  {    K   Cd        Ti   V    Cr   Mn   Fe   Ni
            Cu  Zn   ?    ?    As   Se   Br              Co
            Rb  Sr        Zr   Nb   Mo   Ru   Rh   Pd
       {    Ag  Cd   Ur   Sn   Sb   Te   I
            Cs  Ba
```

门捷列夫的这些表在周期律发现后很快就制成了。① 由此

———————————

① 其中一幅图为图 31（原书第 208 页）。其他参见 Д. И. 门捷列夫《科学文献》，影印复制件 3 及其判译件，第 24、25 页。

已经可以向做出逻辑结论的方向迈进，同时也向在实践中检验短表结构的正确方向迈进。

在 1869 年春天和夏天，门捷列夫动手测定元素的原子量对原子体积的周期依赖性的性质。在这里出现了一个有趣的情形：在所有周期中——小的和大的，从碱金属开始到卤素结束——原子体积是这样变化的，从开始（到周期中间）它们逐级减小，然后（在周期中间之后）逐级地、不很激烈地增加。

这就有可能确定任何一个元素所占据的位置是否正确。例如，开始在从银到碘的系列里（从铷到碘的大周期的后半部）形成了原子体积的次序性：

Ag（10）　Cd（13）　Ur（6）　Sn（16）　Sb（18）
Te（21）　I（25）①

铀剧烈地破坏了性质的正常变化，因此门捷列夫从这个位置上挪走它，在总结中将同一系列按另一个形式记录如下：

Ag（10.2）　Cd（13.0）　—　Sn（16.4）　Sb（18.1）
Te（20.7）　I（25.6）②

因此，首次产生了原子体积问题，也就意味着产生了关于铀的原子量的问题和由此而来的铀在元素表中的位置问题。

碱土金属的系列最初看来是这个样子：

Ca（25.8）　Sr（34.3）　Ba（34.2）　Pb（18.2）③

这证明把铅放在这里是不正确的，因此门捷列夫把它从这

---

① Д. И. 门捷列夫：《科学文献》，影印复制件 5 及其判译件，第 72、73 页。
② Д. И. 门捷列夫：《科学文献》，影印复制件及其判译件，第 78、79 页。
③ Д. И. 门捷列夫：《科学文献》，影印复制件及其判译件，第 78、79 页。

个系列里拿出去了。

当时门捷列夫已经形成了由三个家族成员组成的未来的族的概念，这三个家庭成员又构成大周期的最中间部分。[1] 铁族的所有三个成员的原子体积等于7.1，钯族等于9.1，铂族等于9.4。

就在1869年秋天，门捷列夫从事元素的成盐氧化物（"盐类的"）中氧的数量研究。最终，他编制了下列氧化物的顺序列，其中氧化物元素的两个原子得到从1（碱金属和银）到7（卤素）个氧原子。

$$R_2O \quad R_2O_2 \quad R_2O_3 \quad R_2O_4 \quad R_2O_5 \quad R_2O_6 \quad R_2O_7 [2]$$

由此得出结论：铅根据自己氧化物的类型应当是锡的类似物，而不是钡的类似物；铊是铝的类似物，而不是碱金属的类似物。

最高成盐氧化物组成的确定允许门捷列夫对最初七个族的每个元素族进行编号，从 I（碱金属族和它们的不完全类似物）到 Ⅶ（卤素和它们的不完全类似物）[3]。显然，这是下一年即1870年夏天发生的事。

当时或者稍早（1870年夏末或秋初），门捷列夫着手校正元素系列的原子量，使其更加精确。一开始他把镱、铈、镧、"钶镨"[4]、铒和铟的原子量增长了1.5倍[5]（图6），而之后把钍和铀的原子量增长了2倍。[6]

---

[1] Д. И. 门捷列夫：《科学文献》，影印复制件11及其判译件，第86、87页。

[2] Д. И. 门捷列夫：《周期律》，第52页。

[3] Д. И. 门捷列夫：《科学文献》，影印复制件16，第126页。

[4] 原文为 ДИДИМ，旧时认为是一个元素，1882年才发现是钶和镨的混合物。——译者注

[5] Д. И. 门捷列夫：《周期律》，影印复制件12及其判译件，第104、105页。

[6] Д. И. 门捷列夫：《周期律》，影印复制件13及其判译件，第107页和附页。

大约就在这个时候，他注意到钌（Ru）和锇（Os）形成了由 RO_4 组成的最高氧化物，并且"常见的 RO_4 式是唯一的最高氧化式，这个氧化式具有挥发性并同元素的难熔性（还不是很难熔的）相适应，如 P_t（铂）、Ir（铱）"。[1] 这一族包括铁族、钯族和铂族，成为第八族的基础。[2]

现在元素的短表已大体上编成。这花费了将近一年半的紧张劳动，但借助于它科学家得以做出涉及预言尚未发现的元素及其性质的、颇有远见的结论。

因此，在门捷列夫看来，短表（图5）比他当初运用的长表有着非常大的预言能力。如果说周期律的发现产生在长表的形式中，那么短表使门捷列夫的发现得以圆满完成并经过一年半多时间的锤炼和完善，使他的定律变得更加光彩夺目。因此，短表被门捷列夫提到很高的水平，我们今天完全有理由把它称作经典式的。它于1871年出现在门捷列夫的著名论文《化学元素的周期规律性》中，发表在德国杂志《李比希年鉴》上。

在我们看来，这就是为什么说谁要是拒绝短表而回到最初的长表谁就犯了一个不可饶恕的错误。当时，做这种错事的有雅·伊·米哈依钦科，而今天他的信徒们也这样干，并于1966年整理和出版了他的教学参考资料。[3]

忽视门捷列夫的短表等于轻视门捷列夫的科学遗产及其对现代物质学说的意义。

---

[1] Д. И. 门捷列夫：《周期律》，第379、380页。

[2] Д. И. 门捷列夫：《科学文献》，影印件，第138页。

[3] Я. И. 米哈依钦科：《无机化学普通教程》，莫斯科，1966。

第三节　其他形式

梯形的表和联合型的表在门捷列夫关于周期律的著作中没起到明显的作用。

Tabelle II.

Reihen	Gruppe I. — R^2O	Gruppe II. — RO	Gruppe III. — R^2O^3	Gruppe IV. RH^4 RO^2	Gruppe V. RH^3 R^2O^5	Gruppe VI. RH^2 RO^3	Gruppe VII. RH R^2O^7	Gruppe VIII. — RO^4
1	H=1							
2	Li=7	Be=9,4	B=11	C=12	N=14	O=16	F=19	
3	Na=23	Mg=24	Al=27,3	Si=28	P=31	S=32	Cl=35,5	
4	K=39	Ca=40	—=44	Ti=48	V=51	Cr=52	Mn=55	Fe=56, Co=59, Ni=59, Cu=63.
5	(Cu=63)	Zn=65	—=68	—=72	As=75	Se=78	Br=80	
6	Rb=85	Sr=87	?Yt=88	Zr=90	Nb=94	Mo=96	—=100	Ru=104, Rh=104, Pd=106, Ag=108.
7	(Ag=108)	Cd=112	In=113	Sn=118	Sb=122	Te=125	J=127	
8	Cs=133	Ba=137	?Di=138	?Ce=140	—	—	—	— — — —
9	(—)	—	—	—	—	—	—	
10	—	—	?Er=178	?La=180	Ta=182	W=184	—	Os=195, Ir=197, Pt=198, Au=199.
11	(Au=199)	Hg=200	Tl=204	Pb=207	Bi=208	—	—	
12	—	—	—	Th=231	—	U=240	—	— — — —

der chemischen Elemente.

151

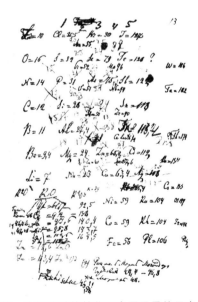

图 5　1871 年夏天编成的元素短表（发表在《李比希学术年报》上）

图 6　第一次修改过的某些元素原子量的元素表草稿
（推测在 1870 年夏末或秋初）

门捷列夫的联合型的表在关于周期律的第一篇论文中就已经提出来。在讨论短表形式时，他写道："如果在这个系统中区分最相似的成员，那就得到如下系统：

上面是：

Li	K	Rb	Cs
Be	Ca	Sr	Ba

中间是：

O	—	—	—
F	—	—	—
Na	Cu	Ag	—
Mg	Zn	Cd	—

而下面是：

S	Se	Te	W
Cl	Br	I	—

这种类似的排布可以有许多，但它们不改变系统的本质。"[1]

可以把从短表到长表的这种相反的转变（在这种情况下是联合型的）称为"系列的构成"。

稍后，这两种形式——梯形的和联合型的——作为两个同样可行的方案在一个表里提出。[2]

在这里先是两个小周期一列接一列地垂直地摆着，在它们后面是大周期，也是垂直地排列着。然后，门捷列夫在第二个小周期上面（从钠到氯）写上了第一个小周期（从锂到氟）。

这两个表式被彼此分开，便成了长表的不同方案。这样，

---

① Д. И. 门捷列夫：《周期律》，第 24 页。

② Д. И. 门捷列夫：《科学文献》，影印复制件 14，第 108 页。

门捷列夫把梯形表发表在《化学原理》第二版（1872～1873），而把联合型的表发表在第四版（1882～1883）。这两种形式的表是在《化学原理》比较靠后的版本里出现的，名为《元素周期表》，以区别于名为《族和列的周期系》的短表。

最后，在门捷列夫开始从剩下的元素中分出"典型"元素时，很晚才采用分隔式的元素表。因此，直到《化学原理》第八版（1906）《元素周期表》才有了分隔式：

```
                    H
            He LI Be B  C  N  O  F  ⎱
            Ne Na Mg Al Si P  S  Cl ⎰  小周期

     O  I  II III IV V  VI VII    VIII    I  II  III IV V  VI VII
            偶数列

Ar K  Ca Sc Ti V  Cr Mn   Fe Co Ni    Mg Al Si P  S  Cl
Kr Rb Sr Y  Zr Nb Mo  -    Ru Rh Pd    Cr Zn Ga Ge As Se Br
Xe Cs Ba La Ce  -  -  -                Ag Cd In Sn Sb Te J
     等等                            奇数列
```

特别需要指出的是短表中的倾斜方向，它在确定未发现的元素的性质和在门捷列夫拟制短表时纠正某些元素的原子量中都起了巨大的作用。1870 年夏末或秋初，为了确定沿着斜的方向原子量是怎样变化的，他编制了短表。我们在图 6 中引用了它。

从铍到铝，再到钛，最后到未来的类硅（锗），他引了一条斜线。按照斜线排布的元素的原子量的差数有增长的趋向，如下：

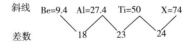

斜线　Be=9.4　Al=27.4　Ti=50　X=74
差数　　　　18　　　23　　　24

后来，门捷列夫推测把钛的原子量从 50 降到 48，而把未知元素 X 从 74 降到 72。

另一条斜线从硼开始，通过硅、矾和砷到钼。在这里大体上显示出同样的趋向：

斜线 B=11　Si=28　V=51　As=75　Mo=96

差数　　　17　　　23　　　24　　21

在这张表里门捷列夫初次重新计算了铟和铈的原子量，并分别增长了 0.5 倍。

在 1870 年 11 月编制短表的后一个方案时，门捷列夫重复了某些以前的斜线并引用了新的斜线。[①] 其间他不仅核算了原子量，而且还考虑了元素的其他性质，其中包括它们形成金属有机化合物的能力。所有这些对于推测未发现的元素和它们的化合物的性质的定量估值有着重大意义。

在构成体系的图表形式的同时，门捷列夫也仔细研究了它的几何形式。第一，这是投影到平面上的在三个均匀的空间披散开的螺旋线的形式（两个小周期等于一个大周期的联合形式作为这个体系的基础）。第二，平面上的曲折线呈齿状（锯齿形），该平面的纵坐标轴上分布着原子量，而横坐标轴上则分放着元素的物理化学性质的数值。第三，门捷列夫提出了周期系的线型形式：一条线的，使所有的元素按照它们原子量的大小分布在一个总的系列里；两条线的，拟定成系统的完全特殊的双行式，上面的元素按奇数和偶数原子价（化合价）的标志来分配。双行式仅对显示元素之间的未被包括在图表式的范围之内的一般依赖关系的某些方面有意

---

① 　Д. И. 门捷列夫：《科学文献》，影印复制件 20 及其判译件，第 158、159 页。

义。除此之外，这个形式扩大了对预言某些元素及其性质的
可能性，而对这些元素及它们性质的预言在仅采用图表形式
时往往受到视线的限制。

几何形式是为用明显的图表形式表示元素之间周期性的依
赖关系的目的服务的，而且也是为了比较明显地表示那些元素
性质随着原子量的改变而正确地改变受到破坏的地方。在门捷
列夫的著作中，几何形式较之图表形式所起的作用是非常
小的。

门捷列夫在关于周期律的第一篇论文中已经提出图表的螺
旋线形式的思想。在继续发展长表中"系列成双"的思想时，
他开始研究一个尚无研究结果的表的短式方案：

Li	Na	K	Cu	Rb	Ag	Cs	—	Tl
7	23	39	63.4	85.4	108	133		204
Be	Mg	Ca	Zn	Sr	Cd	Ba	—	Pb
B	Al	—	—	—	U			Bi?
C	Si	Ti	—	Zr	Sn	—		—
N	P	V	As	Nb	Sb	—	Ta	—
O	S	—	Se	—	Te		W	—
F	Cl	—	Br	—	I	—	—	—
19	35.5	58	80	106	127	160	190	220

关于这个方案，门捷列夫有过说明："在这里，Cr、Mn、
Fe、Ni、Co 的系列应当构成过渡（从 52 到 59），从第三栏的
底部（那里有 K、Ca、V）向第四栏的上部（即向 Cu）过渡，
同样 Mo、Rh、Pd 也从第五栏向第六栏（向 Ag）过渡，而
Au、Pt、Os、Ir、Hg? 是从第八栏向第九栏过渡，从而得到了
螺旋线形的系统。在这个系统中，通过一个系列的成员来看，
相似性明显占优势，如第二行中的 Be、Ca、Sr、Ba、Pb 和

Mg、Zn、Cd。"[1] 这些相邻的栏之间的过渡位置，门捷列夫用过渡元素所具有的数字——原子量即 58、106、160 和 220（后一个数字是推测得到的，它已经属于铀后元素）来做标记。

正如看到的那样，一圈螺旋线对应一个小周期或者半个大周期。这就意味着，短表建立在这个螺旋线形式的基础上。这样一来，"周期律的螺旋形"这种思想早在迈尔之前门捷列夫就提出和公布于世，迈尔是在 1870 年提出的。稍后门捷列夫在自己总结性的论文《化学元素的周期性》（1871 年 7 月）中强调："实质上元素的所有分布是不间断的并且与螺旋线形函数的某一阶段相适应。"[2]

但是，在提到元素沿螺旋线分布时，门捷列夫认为它"很少有应用价值，并且是十分不自然的"。可能，根据这个理由他没有发表相应的图形结构，但是在他的所存文献里我们发现一些札记（图 7），看来是在 1871 年中期完成的。对它们的分析表明，这是螺旋形元素周期系的尝试。

草稿的一部分涉及构成缠绕在平行六面体上的连续线的立体螺旋式，另一部分是这条线在平面上的投影。联合型的形式就以这个结构为基础的[3]，在对面的平行六面体（排布在斜线上）角上排布着的（从下往上），一面是 H、Na、Cu、Ag、—、Au，另一面是 Li、K、Rb、Cs、—。在平面上的投影就成了或者是向中心聚集的（收缩的）螺旋式，或者是从中心出发的（展开的）螺旋线，而且完全类似的元素就在同一个半径

---

① Д. И. 门捷列夫:《周期律》，第 22 页。
② Д. И. 门捷列夫:《周期律》，第 121 页。
③ Д. И. 门捷列夫:《科学文献》，印复制件 30 及其判译件，图纸 Ⅰ～Ⅲ，第 220、221、228 页。

图7 《元素的天然系统》清样背面的螺旋形元素周期系草稿（推测在 1871 年中期）

上，而不完全的（相对来说）则在同一个半径反向的延长线上。

门捷列夫手稿中这些投影的形式如图 8a 所示。门捷列夫手稿的判译件中用虚线和间断的线标明了"复原的"（我们完成的）位置，这些位置在门捷列夫螺旋形图的草稿上是没有的（图 8）。两个里面的（小的）周期按照事物的本质形成了一条从氢开始到氯结束的总的螺旋线。如果以这整个形式作为联合型的元素表的基础的话，应属当然。

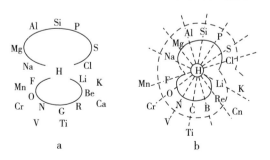

图8 元素系统螺旋式方案之一的判译件

元素系统的另一个几何形式是齿状（锯齿形）。在准备第一篇关于周期律的论文时，门捷列夫在这篇论文结论部分的草稿上写道："1. 按照它们原子量大小分布的元素代表周期的函数。如果要是这样能用数字表示每个元素的化学性质，如果把原子量的值沿着横坐标的轴单放在一起，而把它们的性质作为纵坐标轴，那么就得到了波浪式的曲线，它的弯曲代表了曲线各部分外形的相似性。"①

在论文发表时，门捷列夫只留下了在"函数"这个词前边的一句话。而且，这个草稿的引文说明早在 1869 年 2 月门捷列夫不仅提出了反映元素性质同原子量的依赖关系的图表原则，而且十分明确地设想了当时构成的他称为"波浪式"的这条线的一般形式。

门捷列夫是在 1869 年夏天开始为实际构成这条曲线搜集材料的。在 1869 年 8 月的第二届俄国自然科学家代表大会上，他做了题为《关于单质的原子体积》的报告，报告指出元素的原子体积从周期前部成员中的某个最大值开始（碱金属），向每个周期的中间剧烈地减小（下降），而后向周期的末尾逐步增加，一直到下一周期（对应的碱金属）开头的最大原子体积。

门捷列夫在 1869 年夏天编制了原子体积序列（图 16），从氢（H = 5.5）开始，然后到锂（Li = 11.8）、铍（Be = 4.5）等，一直到钽（Ta = 17.2）、铅（Pb = 18.2）和系列最后的铋（Bi = 21.4）。②

---

① Д. И. 门捷列夫：《科学文献》，第 28 页。
② Д. И. 门捷列夫：《科学文献》，影印复制件 10 及其判译件，第 84、85 页。

因此，早在"迈尔曲线"之前（1870）门捷列夫就完成了构成类似曲线的一切工作，只是没有把它用图表表示出来。

我们依然来回忆元素分布的最后两个——长线的——形式。一条长线形式（单系列的）要求所有元素按照原子量的增长排在一个总列里。

在关于周期律发现的第一篇论文中，门捷列夫写道："在这方面做的第一个尝试如下：我选出了原子量最小的物质并且按它们原子量大小的顺序排列好。"① 其次，在援引《元素系统刍论》中的图表时，他继续说："对过去表里元素的原子量能够成为它们系统的支柱深信不疑，而我最初在一个不间断的次序里按照原子量的大小安排元素时，就立即发觉以这种形式安排的元素系列里存在某些中断。"② 由此可以清楚地看出，一条线的形式在仔细研究周期系时没有起到独创的作用，其中一个方案如图 16 所示。

两条线（双系列）的形式仅在周期律发现后的初期门捷列夫采用过一次。他按原子量的大小，把分布在一个总系列里的所有元素分成两栏：左边的栏（"奇数原子价的"）和右边的栏（"双原子的"或者"偶数原子价的"）。③ 这意味着使所有元素的总系列变成双行。如果门捷列夫通过一年半多时间的研究已经使元素的族有了自己的序号，那么左边栏里应是奇数族的元素，在右边栏里的是偶数族的元素。这时每个栏内整列元素应该相隔一个序号。在右边栏的开头，门捷列夫假定放上了分子氢（$H_2 = 2$），看来它应当起到原子量为 2 的相应元素

① Д. И. 门捷列夫：《周期律》，第 18 页。
② Д. И. 门捷列夫：《周期律》，第 24 页。
③ Д. И. 门捷列夫：《科学文献》，影印复制件 4 及其判译件，第 26、27 页。

X 的作用。在空白处写上了标志着每栏内相邻元素原子量的差数，也就是写在元素的总列内每一个元素的原子量的间隔处（图9）。

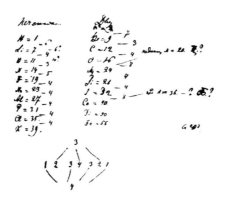

图9 有奇数和双原子元素的双栏（预测了未来的惰性气体）
（1869年2月末）

在这种情况下我们发现，如果在大多数情况下差数是4个原子单位，那么在每个周期的末尾这个差数就要加倍。这使门捷列夫产生了一个想法，在这些点上需要等待新的元素，即 X = 20，在氧和镁之间（所以是在氟和钠之间）；X = 60，在硫和钙之间（因而是在氯和钾之间），同 $H_2 = 2$ 合在一起（在氢和锂之间）。这三个假定的元素是对未来惰性气体的模糊猜测（He = 4.003，Ne = 20.2，Ar = 39.9）。后来门捷列夫突然不承认氩的元素性，但是他区分出了上述三个元素，无疑是不仅预见了氩，而且预见了整个未来的零族。门捷列夫的手稿证明了这一点（图9），他注在元素的双栏系统底下并指出其中有七个族——四个奇数的和三个偶数的或双原子的。缺少的元素（$H_2 = 2$，X = 20，X = 36）落在单原子价的碱金属和单原子价的卤素之间。元素的原子价在这一点上有减小的趋势，因此可以推测，缺少的元素的原子价是零。但是，门捷列夫并没有得出这个将要出现的结论，尽管他为做此结论不断努力过。[1]

由此可以得出结论：元素系统的每种形式都包含自己固有的预测的可能。双列线的形式能够预言那些甚至周期系的经典形式都不能预言的东西。

门捷列夫周期系的形式就是这个样子，它在发现和研究周期律的年代（1869～1871）就提出来了。在所有形式中，门捷列夫最圆满地阐明了短表，而且实际上它是周期律最优的表现形式。

---

[1] 关于这个问题，我们发表过论文《门捷列夫周期律和惰性气体》。参见《物理学的成就》1952 年第 10 期，第 96 页。

第四章　定律的命运

　　世界上万物都有自己的命运，万物都要经历自己独特且不能重复的道路，无论是国家、人、事物还是思想。科学发现、科学定律也有自己的命运，其中一些定律和发现得以立刻被确认，并有同一范围内的现象被不断概括进来。

　　有些定律的命运就比较复杂，其曲折道路往往在试图概括比允许的范围更为广泛的现象时就开始了。有时，这样的定律甚至被视为万能的，似乎概括了一切现象，力学的定律就是如此。直到有一天出现了真正比较广泛的定律，才知道原来这些定律只在一定范围内有效，而在这个范围之外它们就暴露出狭隘性。

　　还有一些定律的发现有时具有戏剧性特点。这种定律刚刚出现便立即引起了持有旧规范和旧观念学者的攻击和异议，在同他们的直接争论中又重新寻找所发现的定律。定律的思想对许多人来说好像是不可理解的，而定律本身好像是人造的、故意想出来的。这种定律没有通向被科学确认的捷径，它的道路是漫长而艰难的。直到许多年之后，它最终在科学上占据应有的位置，仿佛仅是为了使定律能重新遭到攻击和经受考验，又出现了一些看起来同这个定律不相协调的新发现，一些科学家又要准备拒绝这个定律了，进而定律被贬低到了有限规则的水平。

但随着时间的推移，事实突然证明，新发现不仅没有驳倒这个定律，而且发现本身只有在定律的基础上才能获得理论解释。当这一定律获得更加光辉生命的时候，它开拓了自己新的领域，其科学地位比当初在科学上得到确认时还要高。门捷列夫周期律的命运就是这样。

让我们把思绪转到列宁格勒大学，那里有门捷列夫的住宅，现在已经改成档案馆。这里保存着科学家的手稿，元素表的草稿、誊写稿和他一生中发表过的著作及资料——所有这一切使考察周期律的命运有了可能。在这些年里，周期律经受了危机，后来又复兴，而且推广到了比早先料想的还要宽广得多的自然现象领域。在周期律的历史上，至少可以分为三个阶段。

第一节　化学上的确认

第一阶段（1869～1894）——从周期律发现到 19 世纪末，这对科学史家来说是很有趣的。在这个时期，定律带有化学的特点：它概括的现象是原子的相互作用、分子的形成及由一些分子向另一些分子的转变。在这个阶段实际上还没有提出周期律同原子内部发生过程相联系的问题。科学当时还停留在微观世界的门槛外，尚没有办法迈过。周期律的作用范围还限制在化学领域内，它不仅概括了元素的化学性质，还有元素的物理性质，如原子量、原子体积，光谱的、磁的，等等。

需要指出的是，仅有少数化学家能在门捷列夫的发现中立刻看出真正的自然定律。大多数人一开始倾向于把科学家的天才预言认为是缺少科学根据的凭空幻想。

周期律是在面对否定，有时甚至是敌视的情况下慢慢且十分困难地进入科学领域的。在周期律被发现五年后，由它推导的某一部分结果仿佛得到了证实。然而，只有少数科学家承认它。其中有圣彼得堡的化学家 B. 里赫捷尔，他在 1874 年根据周期律的原理大胆地编写了一本无机化学教科书（中学用）。现在来看，一本没有周期律的无机化学教科书简直不可思议，而在当时这样的做法却是有些放肆甚至是古怪。

但是才过了一年，科学界就被法国化学家布瓦博德朗发现的镓原来就是门捷列夫预言的亚铝震惊！新元素的性质与门捷列夫所预言的是如此吻合，门捷列夫的推想简直成了被严格证明的科学事实。

镓的发现和它等同于门捷列夫预言的亚铝这一事实，对科学家的思想意识产生了特别强烈的冲击。这位法国化学家在研究自己找到的新金属时得到了与门捷列夫预言不同的密度值，用 4.7 取代了 5.9。布瓦博德朗断言，这意味着它不是门捷列夫预言的那个元素。门捷列夫给他写信说："不对，这正是我预言的东西，只是您——尊敬的同事——没有仔细地从钠中提纯它，显然只有提纯后您才会得到游离态的金属。"

这样一来，围绕新元素立刻展开了一场尖锐的论战：它是不是预言的新元素？法国化学家拥有极大的优势：只有他——世界上唯一的人——手里掌握着刚发现的元素并能从各方面研究它。门捷列夫只有自己编制的元素表。就在这个当时看来还不牢靠的基础上，门捷列夫不仅预言了新元素的存在，而且非常精确地确定了它的性质，尤其是他竟敢于同在实验室观察这个新元素的化学家争论。开始争论的是这个物质是什么，它是否已从杂质中很好地提纯，这些杂质是否正是钠。

整个科学界屏住呼吸，紧盯着这场科学论战的结局，而且很少有人相信这位连自己的周期表都还没填满的俄国科学家会是正确的。然而，正是门捷列夫的这个多少有些使人为难的异议，促使布瓦博德朗重新着手确定镓的密度。为了不留一点儿钠的痕迹，他细心地操作着，看，镓的密度原来等于5.935！门捷列夫胜利了。大家都开始谈论门捷列夫本人和他的预言，西欧的各种科学杂志都刊登了门捷列夫的论文，并对其生平进行了报道。

这件事发生在1875年底，由此向周期律得到普遍承认迈出了第一步。根据这一点，25年后门捷列夫在《我的著作目录》中写道，所有这些都表明"无论是我的科学勇气也好，还是我对周期律的信心也好，都被证明是正确的"。[①]

在镓发现四年后，恩格斯在《自然辩证法》一书中评论了这个事件，他写道："门捷列夫证明了：在依据原子量排列的同族元素的系列中，发现有各种空白，这些空白表明这里有新的元素尚待发现。他预先描述了这些未知元素的一般化学性质，他称之为亚铝……几年以后，布瓦博德朗真的发现了这个元素，证实了门捷列夫的预言，只有极不重要的差异。亚铝体现为镓。"[②]

从那时起，门捷列夫不止一次因自己预言的准确性震惊科学界，这些预言不断被新的发现证实，越来越令人信服地确认

---

① 《门捷列夫档案》，第91页。
② 恩格斯：《自然辩证法》，人民出版社，1971，第51页。

了周期律。1879 年，尼尔逊发现了钪，原来是预言中的类硼；1886 年，温克勒发现了锗，将预言的类硅具体化。同一年，门捷列夫收集了"周期律的加固者"肖像（图 10），将其贴在一页纸上框起来。纸的背面（图 11）复制了科学家们的赠言和门捷列夫亲自做的说明。

图 10　"周期律的加固者"肖像

图 11　科学家们的赠言和门捷列夫亲自做的说明（1886）

动摇定律的企图终于被一个一个地驳倒了，这对定律十分有利。然而，某些现象直到 1913 年仍然是个谜，早在这之前已经形成一种信念，人们相信对新元素的解释不会撼动定律，而是同定律互相适应。诚然，1894 年为纪念周期律发现 25 周年之际，这个知识领域出现了一小块阴云——发现了第一批惰性气体。这一小块阴云很快变成了凶恶的乌云，预示着要推翻在化学上以辉煌胜利得到巩固的定律，那就是发现氦和氩在元素周期系中没有位置，尤其是这些气体在化学上的完全惰性使人困惑不解：迄今为止所有已知元素都能形成化合物，特别是与氧和氢化合，只要看一看这些化合物的化学式就能确定它们属于系统中的哪个族，而这里发现的新元素却根本不形成任何化合物。它们是元素吗？门捷列夫提出了这个问题并继续寻找证据，如把氩认为是类似臭氧和臭氮（$N_3 = 42$）。

谜底揭开了，问题也就迎刃而解。借助于周期律，拉姆塞又发现了氩的三个同类元素，并将它们摆到了卤素和碱金属之间的位置。它们很快就形成了一个特殊的族——惰性气体族，因为它们的化合价等于零。拉姆塞说："门捷列夫周期律是科学研究中真正的指南针。"

这是周期律的又一胜利，门捷列夫兴奋地接受了氩和其同类元素的新观点，不再对其元素性表示怀疑。每当新的发现或新的假说同周期律发生矛盾，门捷列夫始终不渝地坚决反对。只要新发现同周期律相适应并且巩固了周期律在科学上的阵地，门捷列夫就很快改变了自己对它们的态度，不把它们视作对周期律的破坏，而是作为对周期律的新论证。这表明周期律成了门捷列夫看待新发现真实性的一个特殊标准，因为周期律本身经过了实践检验。

第一阶段具体而言，是周期律历史上的化学阶段，可以简略将这个阶段描述为消除最初对周期律的普遍性和真实性的怀疑而取得一连串胜利的阶段。

第二节　混乱时期

第二阶段（1895～1912）的特点是：在化学上已经得到确认的周期律同在物理学上的新发现产生了尖锐的不协调。就像生活和科学中常有的那样，在期待已久的胜利来临之际，付出巨大劳动建成的大厦突然露出裂痕。这件事发生在元素系统引入零族元素从而使周期律得到有力支持，即周期律要在科学上得到永久确认的时候。这时出现了门捷列夫奠定的基石遭到剧烈破坏的征兆：物理学开始了真正的革命，这个革命是由伦琴射线、放射性、电子和镭的发现引起的。这些发现标志着自然科学的一个新时代的开始，这也是向微观世界深处尤其是原子深处挺进的时代。卢瑟福和索迪的发现（1902）有着特别重要的意义，他们指出了放射性的过程是原子本身的衰变，由一些元素变为另外一些元素，其中包括镭变为镭射气（氡）和氦。

根据门捷列夫的意见，定律的主要基石就是有不变质量的不可分的原子和不可转变的化学元素，建造元素周期系的砖石无非就是这些东西。实际上，门捷列夫年轻时倾向于承认原子的可分性和复杂性，以及它们重量的可变性和元素的可转化性。但是到了晚年，他坚信相反的观点，不仅不接受在自然科学的最新革命，而且妄图挽救开始崩溃的物质结构的旧观念。

另外，领导自然科学革命的许多物理学家没有看到新的物理学发现和周期律之间的联系。虽然他们中的某些人，如发现电子的汤姆孙在这一点上做了模糊的猜测，但是以不变的元素和不可分的原子的观念为依据的定律和本质上正是破坏这个物质结构概念的发现之间能有怎样的联系呢？放射系列研究中发现的新元素的数目以如此快的速度增长，开始是 0.5 倍，后来是一倍，最后几乎是 2 倍，突破了这些元素能够在周期系中（在铅以后）争取到的位置的数目。周期律的混乱时期来临了，对门捷列夫来说这是很复杂、苦恼的一个阶段。当时很少有谁能推测，这仅仅是周期律在化学中的胜利，并向在物理学中更加辉煌的胜利过渡的一个阶段。

当时看起来是另一种情形。物质学说中仿佛形成了两条互不相关的发展路线：一条是旧的，是在化学中采用的同周期律相联系的路线；另一条是新的，是在物理学中产生的路线，它能渗透到微观世界并能分解原子及证明一些元素转化为另一些元素的可能性。这两条路线在什么时候会合呢？它们的会合又建立在怎样的基础上？谁也不知道这些问题该怎样回答，且当时很少有人考虑这些问题。最重要的论题是对新发现的本质的解释，镭、放射性、电子、伦琴射线，以及后来的光量子或者光子——它们的发现同普朗克和爱因斯坦的名字联系着——最初都是作为个别的、孤立的发现而出现的，还没有出现明显的相互联系。要把它们联结成一个整体，就像穿珠子，到哪儿去找这样的线呢？自然界存在这样的线吗？

门捷列夫十分忧虑和痛苦地围绕这些问题来回打转。依靠过时的、不变的质量、原子和元素的化学概念来解决这些问题，看来是很困难的。混乱时期最紧张的时候门捷列夫逝世了，这时尚未找到使他痛苦的问题的答案。在临终时，他感觉这个答案已经迫近，写下了预言式的文字："看来，周期律将不会遭到毁灭的威胁。"这则笔记写于 1905 年夏天，八年之后它被证实。

第三节　物理学上的突破

第三阶段（1913～1970）是从周期律向原子物理学领域的渗透，确切地说，是向原子物理学领域猛烈地突破开始的。1913 年混乱时期结束，物理学家从各方面开始对自己发现和研究的新物理现象给予理论解释。这就像科学上常有的事那样，许多孤立的事实和人们观察到的现象有着共同的本质——它们都是由这个共同本质引起和解释的。

一些学者迷恋新观点，把这个曾经捍卫和记录科学在过去阶段发展的周期律轻率地抛弃了。然而，科学中的创新绝不意味着抛弃以前的认识，只要这个认识已经被实践检验并且达到客观真理的水平；相反，这些创新本身早就是已知东西的进一步发展，是前辈科学家真理共识的继续和增添。在周期律的历史上，科学发展的这个规律性特别强烈并十分鲜明地表现出来。

1912 年，一些颇有远见的物理学家，包括卢瑟福和还很年轻的莫塞莱已经产生了一种思想：不能重新把发现的物理现象、物质的物理性质，如元素的 X 射线光谱特征同这些元素在门捷列夫周期系中的位置相互联系起来吗？另外，怎样在这个系统里排列新发现的放射性元素——铀、钍和锕系列中的放射性转变产物？本来 α 和 β 衰变中放射性元素转变的次序相当清楚地提示了这些元素在门捷列夫元素表末尾的排列次序，然而还有一个更本质和更基本的问题：原子是怎样构成的？它能够被物理学家分割，能够证明它是由电子和中心的核组成。分割意味着被分解，但是原子的这些"零件"是怎样汇集在一起的呢？怎样从想象中把原子从它的组成部分"综合"起来呢？

这些问题的答案于1913年被找到。答案远不是详尽无遗的，却成了物理学的新起点及探索的巨大推动力。原来，物理学新发现的钥匙就在门捷列夫周期律中，恰似惰性气体本质的答案在定律中。在对元素的伦琴射线光谱实验资料进行比较简单的数学整理后，莫塞莱得到了一组数据，恰好为元素在门捷列夫周期表中相应位置的号码。这个"顺序数"立刻使人联想到该元素原子核的正电荷概念，也意味着它的外壳带有的电子数的概念。

与此同时，索迪和法扬斯将所有的放射性元素排进门捷列夫的系统，在一个位置上已经不止一个，而是几个元素。这些元素，索迪称为同位素（由希腊文"相同的""位置"而来）。它们有相同的核电荷数，但是原子量不同。先是在放射性元素里发现了同位素，后来阿斯顿在非放射性元素氖里也发现了同位素。因此，这个谜解开了，答案仍然是在周期律中找到的。

如果说门捷列夫周期律是解释新物理现象的钥匙，那么这些物理现象也同样给定律带来了全新的面貌。元素原来并不是作为"宇宙之砖"死死地固定在自己的位置上，而是运动的，仿佛能够穿过隔开它们的元素表隔线从一个位置跨越到另一个位置。例如，镭转变为氡时，立刻向左移动两个位置，同时辐射出带有两个正电荷的 α 粒子（氦的核）。新元素——氡的序数实际上比镭小两个单位。在 β 衰变时从核里飞出一个电子，正电荷增加了一个单位并且元素向右移了一个位置。这样，放射性衰变的两种形式得到了解释，而且答案也是包含在周期律中。

厘清新物理现象同门捷列夫周期律的联系并对它们进行理论解释时，引入的概念业已证明：顺序数，即在门捷列夫周期系中元素位置的号码；元素的位移，即元素在周期系中从一个位置挪到另一个位置；同位素，即在系统中占据着同一个位置的元素的变种。换句话说，周期律不仅能概括元素的化学规律性，而且作为物理定律，掌握着变动的、处于发展变化状态的元素，此时的元素不是以简单的、不可分的物质微粒的形式出现，而是以由核和电子外壳组成的复杂结构的形式出现。

两条在当时一直分开的物质学说发展路线至此真正汇合，原先的那条同周期律联系着的化学路线和这条新的作为 19 世纪末 20 世纪初伟大发现的物理路线会合了。如果说新的物理发现在周期律中得到了理论解释，找到了打开通向本质大门的钥匙，那么周期律也同样在物理发现中为自己的继续发展和巩固找到了最丰富的资料。这是门捷列夫曾预见的，也是对其科学创造性的再一次证实。

1913 年，原子结构理论开始蓬勃发展，并且建立了原子结构模型。理论的综合是围绕着周期律的新物理发现统一起来的结果，已被玻尔出色地继承，他还把莫塞莱、索迪和其他物理学家的结论同普朗克—爱因斯坦的光量子理论联系起来，提出了自己关于电子在原子壳内运动的著名假说。玻尔把可以发现原子外壳不同层次上的（不同能级上的）电子分布情况的量子数引入原子物理学。这时，门捷列夫周期系已成为他经常遵循的原则。

1921 年，玻尔发现了元素按周期系分布和它们原子的电子外壳结构之间的联系。这一课题解决得相当出色，甚至连在关于微粒及其运动特征的经典概念的知识领域内的问题都得到彻底解决。玻尔在叙述建立原子模型方面杰出工作的成果时写道："引路线索乃是随着原子序数进行的特有的性质变化，这个变化在元素周期律中得到了反映。"①

鲍利继承了玻尔的工作路线和其学派，他对位于门捷列夫周期系末尾的惰性气体的原子结构特别注意。从完善惰性气体原子结构的观点出发，在分析它们的化学惰性时，鲍利得出了一个确定原子壳的每层电子分布的原则。就这样，他为未来量子力学奠定了一块基石，这比经典物理学更加深入微观世界领域。1934 年，在纪念门捷列夫代表大会上，瓦维洛夫说道："周期律在新的物理理论中不仅是用作解释量子论的基本原理导出的任一定理的材料，而且成为鲍利原理这一极为重要准则的基本文献资料。根据鲍利原理，在原子中有许多电子的情况下，理论所允许的每一种状态仅能被一个电子占据。"②

很难甚至也不可能把周期律应用于现代物质学说的事例都一一列举。先是深入原子的电子壳，然后到原子核，至今已进入基本粒子的"内部"，这就是周期律逐步渗透的主线。而当人类在实践中学会应用核内的原子能时，解决这个问题的科学家承认，元素周期律在这里也是他们的指南针。

美国物理学家康顿写道："由于门捷列夫元素周期律的发现给原子科学打下了基础，门捷列夫是俄国人，从那时起，一

---

① 玻尔：《关于原子结构和光谱的三篇论文》，莫斯科，1923，第 84 页。

② 《纪念门捷列夫代表大会文集》第 2 卷，莫斯科，1937，第 10 页。

大批俄国科学家在这个问题领域表现了自己。"霍乌利和列弗松在《原子能在战争中与在和平时期的应用》一书中谈到了门捷列夫周期律,说它是"如此重要,每一个愿意了解原子能基本原理的人都应当研究它"。

门捷列夫周期律在今天的核物理研究中仍然是指路明灯,因为它体现了无机界的一个基本发展规律。归根结底,正是它控制了所有物质的转变,无论这些转变是在微观世界领域实现,还是在宏观世界领域实现。

1934 年,费米和他的同事发现用慢中子轰击铀,可使之发生裂变,但他们未正确解释观察到的现象,认为是中子联结铀核形成了铀后元素。过了 5 年,即在 1939 年,哈恩和斯特拉斯曼把在慢中子作用后得到的产物中存在钡的事实——铀的序号为 92,而钡是 56——直接同元素周期系做对比。这意味着在完成的核反应结果中产生的元素不是移动了一个位置(像在 β 衰变中那样),也不是移动了两个位置(像在 α 衰变中那样),而是从系统的末尾向中间一下子移动了 36 个位置。在铀转化为钡时铀减少了 36 个正电荷,这 36 个正电荷分裂到哪里去了呢?哈恩和斯特拉斯曼提出了一个天才的想法:这 36 个正电荷是以序号为 36 的元素的核的形式脱离出去的,它就是氪。也就是说,铀的核分成了两部分:钡的核和氪的核。换句话说就是产生了重核分裂。而后,已形成的裂块开始放射 β 粒子,就像在通常 β 衰变中那样在元素周期系中移动。就这样,门捷列夫周期律在这里也成了奠定原子能时代基础的这一有决定意义发现的钥匙。

在铀后元素的人工合成方面也可以看出周期律在核物理发展中产生明显的影响。铀后元素的前两个——93 号和 94 号被称为镎和钚。这就突出了它们同行星天文学的联系：像在太阳系的范围内那样，在天王星之后发现了海王星，在周期律的范围内，恰巧也是如此，按相同的顺序合成了跟在铀后面的元素——镎和钚。① 西博格和同事在 1955 年发现了 101 号元素，并将它命名为钔，以此向元素周期系的创建者表示敬意。他们在解释这一点时说："门捷列夫周期律在几乎 100 年间成了元素发现的钥匙。"

稍后，在论文《铀发现后的顽强步伐》中，西博格写道："按照惯例，发现新元素的科学家有权为它命名。美国科学家称 101 号元素为钔，是为了纪念一位伟大的俄国化学家，因为他第一次应用周期律预言了某些元素的性质。这个原则是发现几乎所有铀后元素的钥匙，并且在今后向这个科学领域推进的尝试中同样发挥着无可争辩的作用。"②

这些话包含一种深刻的思想。周期律同许多其他的自然科学理论不同的是，它没有离开科学发展的舞台，也没有限制自己的应用范围，相反，它不断扩大这一舞台并在自然界的知识领域占据越来越重要的位置。费尔斯曼在当时很好地表达了这个意思："新理论将不断出现和消失，光辉的总结将取代今日的旧观念，最伟大的发现将不是把过去一笔抹杀，而是在更新更广的活动范围内发现从未有过的事物，这一切都将有来有去，而门捷列夫周期律将永远存在、发展和完善。"③

---

① 俄文中天王星、海王星与铀、镎、钚是同一个字，英文中字根亦相同，即这三个元素是用行星的名字来命名的。——译者注
② 《科学与生活》1966 年第 9 期，第 48 页。
③ 《门捷列夫周期律及其哲学意义》，莫斯科，1947，第 136 页。

图 12　门捷列夫的办公桌（当时的模样）

二 发现的方法

第五章　辩证法的方法

辩证法是研究任何一项事物或研究某事物思维的方法，也是人类探索和认识的工具。辩证法的核心原理就在于承认思维的辩证法（也称为主观辩证法或认识的辩证法）是外部世界辩证法（也叫客观辩证法）的反映。但是这个反映，并不是两者简单和偶然的巧合，而是一个通过一系列抽象概念使主观逐渐接近客观的运动过程。正如列宁所说，自然界在人们的认识中不是机械地而恰恰是独特地、辩证地反映出来的。

归根结底，被研究的客观事物本身的辩证法相对认识的辩证法永远是以确定的方式表现出来。在门捷列夫周期律的发现史上事情正是这样。

早在90年前恩格斯就指出，作为研究自然的辩证法在认识周期律的过程中起了决定性的作用。正是由于门捷列夫自发地采用了这个方法，他才做出了科学贡献，那时候他就预言了好几种当时未知元素的存在。本章我们将详细探讨门捷列夫在完成自己发现过程中的思维辩证法。

第一节　发现的辩证法

辩证法的规律无论在何时何地都不是以彼此分开的和各自独立的定律表现出来的，而只会永远处在不可分割的统一体中，彼此相互制约。这时，辩证法的核心——矛盾的对立统一却起着不可改变的主导作用。鉴于具体情况不同，在科学认识的这个或那个阶段，辩证法三位一体的基本规律可能首先表现在某一个方面，这个方面或者把矛盾表现为整个运动的动力（运动的推动力），或者把飞跃表现为事物的一个环节向另一个环节过渡的方法（运动的"机制"），最后或者表现为向已经发生的运动的重复和回归，精确地说，表现为整个运动的总路程（运动的"轨迹"）。但是，我们要重申：上面所说的这些，绝不意味着在任何一种情况下只存在一个规律而没有其他规律。其他规律也是存在的，但它们的表现通过某个方面被折射，而这个方面在这个具体的情况下由于某个原因恰恰又是主要的。

众所周知，辩证法的各个规律在认识领域的表现和在自然界的表现比较起来是不一样的。要知道，对于认识过程来说，其本身存在特殊性，客观的反映永远不会与被反映的客体完全一致。虽然如此，但认识的全部过程归根结底是受所研究客体固有规律制约的。

我们来仔细地研究一下在周期律发现那天事情发展的详细情况。那一天，周期律的发现者从汪洋大海般的事实材料中，从许许多多重要的经验规则和总结中，提炼出一个新的、伟大的自然定律。这个定律注定要成为全部现代物质及物质结构学说的基石，成为现代物质转化及宇宙中物质的形态和分布学说的基石。

　　无论何时何地，门捷列夫都不是辩证法的自觉拥护者，他从未把辩证法作为自己赞同的一种研究方法来使用。在他的著作中，辩证法是自发表现出来的。情况之所以是这样，只是因为对于研究对象本身来说（具体指对周期律来说），辩证法是固有的，进而对于周期律的研究过程来说，辩证法也是固有的，但不能因此认为辩证法在这里的运用就像用物理工具来测量某个物体。

　　辩证法的基本规律在发现（认识）周期律的关键时刻到底起了怎样的作用？当这一新自然定律的思想刚刚诞生时，辩证法的规律在门捷列夫的思维中又是如何表现的？

　　我们从辩证法的核心，即矛盾双方的统一和相互渗透来开始研究。在这里，辩证法的核心是促成整个本质发现的出发点和原则。在门捷列夫之前，化学元素就被分成若干个自然组。这种情况下化学家们遵循的就只是化学元素之间相似性的特征。从相似性的观点来看，钾同锂、钠等完全接近，而且它们在一起形成了一个自我封闭的、明显独立于其他元素的族，即碱金属族。同样，氯与和它完全相似的元素如氟、溴、碘形成了卤素，这些卤素像碱金属族一样，和其他元素有着明显的差别。在周期律发现之前，这一切就已经在门捷列夫著作中部分地反映出来。在1868年的《化学原理》的一幅早期草图（图13）中，这一点显而易见。

　　门捷列夫的主要思路可以归结如下：不但应该把那些在化学方面相似的元素放到一起，而且也应该把那些不相似的（有差别的）元素放在一起，其中包括碱金属（化学上最活泼

图 13　《化学原理》中最初的一张草图（1868）
（图中元素是按原子量排列的）

的金属）和卤素（同样活泼的非金属）这样完全对立的元素。
第一批元素和第二批元素在全部化学元素总和上形成了对立的
两极。它们的接近（统一）并不像早先设想的那样，而恰好
反映了对立面的统一和相互渗透，正是这个思路决定了发现的
整个进程。

　　可以这样假设，那天一大早，门捷列夫写下了重要的笔
记，正是这则笔记为这一天一连串的事件奠定了基础。笔记是
这样的，他将两个元素符号一上一下地写在一起进行对比，上

面的元素是氯（Cl），下面的元素是钾（K），正如我们在图14中所看到的那样。图14复制了霍德涅夫给门捷列夫的信以及门捷列夫在这封信的背面所做的记录。在钾和氯对比的下面写着其他一些元素。在这些元素的排列中，门捷列夫使钾、氯接近和相比较的思想得到了进一步发展。

图14　霍德涅夫来信背面的笔记（从图中可以看到纸上有一个杯子的印迹，这个杯子是在门捷列夫写字前压在信纸上的）

　　但是，根据什么特征才能使彼此明显对立的化学元素相接近呢？对，是原子量！这两个元素的原子量的值——Cl = 35.5和K = 39.1是很接近的。因此，对立面的接近（在统一中的联系）成为全部发现的出发点。这些对立面早先是割裂的，现在却在原子量的值的接近性（相似性）的基础上以接近（导向统一）的方式表现出来。

　　这里还发现，对立的两极的统一（碱金属和卤素）和质量与数量这样范畴的统一的表现是以特殊方式相联系的，在质量（化学上的）方面极端对立的那些元素趋向统一；相反，在数量方面（按原子量的大小）它们彼此接近（位于它们中间的氩元素很晚才被发现）。

这样一来，辩证法的核心在这里就表现为两个方面：元素本身对立两极的直接接近和每一个元素的质量（化学性）及数量（原子量）两方面的对立统一的揭示。后来，门捷列夫在《化学原理》中指出，后一种情况是整个发现的主导线索。在回答他是怎样发现周期律这个问题的时候，门捷列夫解释说："在我开始全力以赴研究物质之后，我看到物质中存在两种这样的（可以理解的、普遍的、独具一格的——作者注）特征或性质：一个是占据空间和表现为吸引现象的质量，它在物体的重量中表现得最清晰和最实在；另一个是反映在化学转化中的特性，它被最明确地反映在化学元素的概念中。当你在思考物质而不管物质原子的任何概念时，我却不可避免地考虑到两个问题：这个物质有多少？这个物质是什么样的？而质量和化学性这两个概念恰好能回答这两个问题……我很自然地产生了一个想法：各种元素的质量和化学特性之间必然存在某种联系；物质的质量尽管不是绝对的而是相对的，但它最后还是以原子的形式表现出来，那么就应该能够找到元素的特性和它们原子量之间的一种函数关系。"[①]

不仅在这里表现出两个对立的统一，即研究的确定对象的数量和质量的对立统一性，而且这一点在刚开始的氯和钾的对比中就已经表现出来。这个统一性表明，元素的同一性（相似性）是作为相对的与它的对立面的差别不可分割的性质表现出来的，而这个同一性至今仍然片面地作为化学元素分类的依据（把元素分为若干个独立的族）。事实上，在每一个族中都保持了利用元素的相似性来建立这个族的原则。但是化学元

---

① Д. И. 门捷列夫：《周期律》，第 325 页。

素的同一性真正地显现在彼此靠近的各族的区别之中，而元素之间的区别同样地显现在它们的同一性之中。

所有这些对立面的统一和相互渗透的典型表现，早已被包含在把两个极端对立的元素氯和钾进行对比和接近的第一次记录中。

但是，如果说按照原子量的大小把这两个元素排在一起就成为整个发现的出发点的话，那么门捷列夫并没有能够从这个排列中立刻得出必要的结论。这些结论涉及由数量向质量的转化，这一转化是飞跃和转折的基础。这样便产生了一个问题：如果把不相似的元素也按原子量的大小排在一起（在这一情况下，同一性和差异性的统一性表现出来），那么用这样的方法，被放在一起的元素的原子量数值中量的差数应该是怎样的呢？在寻找这个问题的答案的时候，门捷列夫使用的已不是个别的几对元素，而是若干元素组。当门捷列夫把这些元素挨个排列的时候，他便寻找各个不同组的化学元素的原子量的差。这样他便把镁、锌、镉这一组与碱金属组放在一起，开始还误将锂也包括在前者之中。当时铍的原子量被认为是 14。这样，原子量的差数如下：

$$
\begin{array}{rrrrr}
 & 23 & 39 & 85 & 133 \\
-) & 7 & 24 & 65 & 112 \\
\hline
 & 16 & 15 & 20 & 21 \\
\end{array}
$$

在这几个差中，他还没有发现任何规律性。规律性没有表现出来是由于在算式中第二行本来是 Be = 14 的地方，却误让 Li = 7 代替。而在 Be = 14 的情况下，第一栏的差则减少到 9。

门捷列夫很不满意这样的结果，他继续研究原子量之间的差数。根据门捷列夫的观点，这些原子量之间的差数应该能够显示被掩盖的规律性的存在，而这个规律性只是暂时从他的视野中溜掉了。现在，如果用镁、锌、镉这个组中的原子量减去碱金属的原子量，便得到如下结果：

$$Mg\ (24)\ -Na\ (23)\ =1;\ Zn\ (65)\ -K\ (39)\ =26;$$
$$Cd\ (112)\ -Rb\ (85)\ =27$$

而其余两组（砷和铜）中的原子量之差都在 12～14。

随后，门捷列夫开始把那些成员的原子量相近的组排在一起，就像在 Cl 和 K 中做过的那样。只是从这个时候起，包括全部元素的共同系统的建立工作才走上了轨道。例如，对于这三个组的元素——碱土金属、碱金属和卤素，结果如下：

$$
\begin{array}{llll}
Mg\ 24 & Ca\quad 40 & Sr\quad 87 & Ba\ 137 \\
\quad\searrow 1 & \quad\searrow 1 & \quad\searrow 2 & \quad\searrow 4 \\
Na\ 23 & K\quad 39 & Rb\ 85 & Cs\ 133 \\
\quad\searrow 4 & \quad\searrow 3.5 & \quad\searrow 5 & \quad\searrow 6 \\
F\ \ 19 & Cl\ 35.5 & Br\ 80 & I\quad 127
\end{array}
$$

后来在《化学原理》中，门捷列夫写道，这三组元素中，事情的本质是显而易见的，"卤族元素的原子量比碱金属的少，而碱金属的原子量又比碱土金属的少。氮的原子量少于氟，而和氮相似的有 P、As、Sb，这几个元素的原子量都比卤族元素少"。[①]

这样，在那些按其成员的原子量大小来排列的直接相连的族中，便找到了元素从一个族过渡到另一个族时原子量变化的规律性过程。这个过程不是别的，而是意味着当元素的原子量发生变化的时候，将实现一种元素（性质）向另一种元素（性质）的过渡，即量转化为质。也就是说，原子量每一次减少（反过来说的话是增加）若干原子单位正是以此为基础。

----

① Д. И. 门捷列夫：《周期律·补充材料》，莫斯科，1960，第 349 页。

例如，首先，由 Ca 可以过渡到 K（原子量之差为 1），然后由 K 过渡到 Cl（差为 3.5）。其次，由 Cl 过渡到 S（差亦为 3.5），然后由 S 过渡到 Si（差为 4），又由 Si 过渡到 Al（差为 0.6），而后由 Al 过渡到 Mg（差为 3.4），等等。原子量之差到处具有同样的特征和顺序，这个特征就是全部的差都为正，而顺序则表现为这些差都是原子单位的若干倍数（从 0.6 到 4）。按照门捷列夫的看法，这就意味着挑选（使接近）"相似的元素和原子量接近的元素"。这样按元素的相似性和原子量来选择和排列它们，很快便得出这样的结论："化学元素的性质周期性地依赖于它们的原子量。"尽管门捷列夫怀疑过很多问题，但他从不怀疑上述结论的共同性，因为不能设想所有这一切结果全系偶然。

这样一来，门捷列夫便发现和利用了作为建立整个系统的基础的那个原理。根据那个原理，一种元素（一种性质）向另一种元素的转变是以数量的变化（原子量的变化）为前提的，而这个数量的变化是在严格确定的数量（原子单位的若干倍）范围内发生的。这样便有可能紧接在已排进表中的一个族的后面，按原子量的大小排列另一个族的成员元素了。

但是，正如看到的那样，类似的造表过程是有一定限度的。首先，从 Ca 过渡到 K，从 K 过渡到 Cl，直到从 Al 过渡到 Mg，在一系列这样的过渡中，每一次都发生性质的剧烈变化。当这个过渡是由碱土金属（Ca）向碱金属（K）进行的时候，元素的原子量减少；而当元素由化学性质活泼的金属向化学性质活泼的非金属过渡时，元素的原子量减少得更多。其次，在非金属的范围中，当元素连续地由 Cl 到 S 再到 P，进而由 P 到 Si（已经到了金属的边缘），最后由 Si 到 Al。Al 已是金属，但具有两性（金属性和非金属性）的化学性质，这时可以观察到非金属性质逐渐减弱的现象。

另外，在由 Al 到 Mg 的依次过渡（飞跃）中，由 Ca 和 K 开始的栏是紧跟着上面的以 Na 开头的那一栏的，而 Mg = 24 直接排在 Na = 23 旁边。当通过把一族元素放到另一族元素下面的途径来建立自己的系统的时候（这些族都是由一些大原子量的元素组成的），门捷列夫便达到了这样的一个转折点，从这个点开始，元素便过渡到活泼的金属，这便是门捷列夫得到的一个结果。这就是说，每次返回出发点的时候，按这样次序排列的元素的性质好像都是在重复。这时候，表中目前拥有的栏都似乎已经到头，而这些栏尾端元素的原子量都是彼此紧接着的，如紧接着 K = 39 的是 Ca = 40，接着 Na = 23 的是 Ng = 24，而 Be 在修正了原子量之后（Be = 9.4）和 Li = 7 连在一起。

这样，总起来便可得到一个元素紧密相连的系列。在这个系列的一定环节之后，元素的化学性出现周期性的重复。这些重复和回归，本质上正是否定之否定规律的表现，这个规律在发现的最后阶段显示出来。

一开始，不得不寻找原子量之差，即指示量转化为质的规律的作用。这一情况，不但确定了发现全过程的一个特点，而且也是对这个发现初步的总结：门捷列夫并没有把大原子量的元素放在小原子量的元素之下，而是放在小原子量元素的上面。这样，在确定两个元素的原子量的差的时候，只不过是做一个减法。

这样做的结果是，全部元素并不是按照原子量的增长而是依据原子量减少的原则排列在各栏之中的（如果运动是自上而下的）。表中的第一栏由 Li = 7 开始，至 H = 1 结束。第二栏

从 Na = 23 开始，于 Be = 9.4 结束。第三栏由 Ca = 40 开始
（后来在 Ca 的上面还加放了一些很少被研究的元素），以 Mg
结尾。顺便说一句，栏中各元素按"↑M"的顺序排列。为了
仔细研究全部元素的排列，运动就不是像通常采用的方法那样
自上而下，应该是自下而上，最后过渡到底端（这个过渡用
虚线表示），然后重新向上运动。

1919 年，伊诺斯特兰采夫回忆说，50 年前门捷列夫告诉
他，在完成发现后他很疲劳，一躺下便立刻睡着了。在梦中，
他看到了自己的那张"元素都被放到它们应该放的位置上"
的表，一醒过来，就马上记下了梦中见到的场景。我们有充分
依据弄清楚，那张表是按相反的顺序重写的，书写的形式好像
是"↓W"。这样，为了仔细研究元素总的系列可以不用自下
而上，而是自上而下。元素的周期性变得更加明显，而整张表
是由一些彼此紧密相邻且可以互相过渡的螺旋线圈构成。

在门捷列夫发现周期律的过程中，辩证法的基本规律正是
表现于这样的序列之中。这些规律之所以能够在科学创造的过
程中表现自己，是因为其本身反映了周期律包括的化学方面的
客观辩证法。这就是为什么说规律的发现从本质上说不是别
的，而是存在于自然界的规律性在门捷列夫意识中连续的、越
来越完善和越来越精确的反映。

第二节　行动的方法

在发现周期律的过程中，辩证法所起的作用并不仅仅限于
下述事实：正是由于辩证法，门捷列夫才得以在被研究的对象

中首先揭示初始的矛盾（化学上对立的两极 Cl 和 K 的统一，化学元素的同一性和差异性的统一）；然后揭示了不同族的元素之间飞跃式的转变，这些族正反映了从数量（原子量）到质量（元素的化学性）的转变；最后，门捷列夫揭示了元素性质的重复性和元素性质的周期性，这一周期性表现为连续和多次被实现的否定之否定。

辩证法的这些方面，在应用科学的认识方法过程中被揭示。但是事实上，就其本身的内容来说，被门捷列夫叫作比较的那种方法正是我们经常讲的辩证法。这种方法本身包括各种各样的逻辑方法，它们在定律发现的过程中被使用，也是对被研究对象不同的处理方法，最后用叙述已经达到结果的某种方法形式总结出来。

我们已经看到，规律的发现是从比较两个在化学性质上完全对立的元素 Cl 和 K 开始的。在整个发现的出发点上，就已经包括被研究对象（化学元素）本身所固有的那些基本矛盾；整个发现实质上是那些基本矛盾的显现和发展。所以 Cl 和 K 的比较好像是整个发现的一个"网眼"，而类似网眼的想法门捷列夫早在 1868 年底便产生了。当时，门捷列夫刚刚完成《化学原理》第一编，并计划于 1869 年初着手写第二编。从编写此书的计划看，他首先准备叙述两个族的元素：卤族元素（在第一部结尾）和碱金属元素（在第二部的开头）。这两个族都是由单原子元素组成，它们能构成盐类，如 KCl。

在《化学原理》中，对个别元素族的专门叙述，门捷列夫是从氯化钠（NaCl）开始的，也就是从最简单的初始化合物开始。在这个化合物中，自然界本身就统一了矛盾的两个对立面：带正电的钠离子及带负电的氯离子。对这一初始的物质进行分析，便能详细地对氯化钠的两个组成成分进行研究。然后有可能从它们逐个过渡到整个族各自的相似元素再进行研究。例如，对于 Cl，就可以由 Cl 过渡到 F、Br 和 I；由 Na 可以过渡到 Li、K、Rb 和 Cs。

这样，基于存在于两个完全相反的族的具有代表性的两个元素之间的对立关系，门捷列夫得以揭示整个族中存在的类似的关系。于是，上述一幅精确图像在周期律的发现过程中便初具雏形。起初，把两个不相似的（甚至是极端对立的）元素 K 和 Cl 进行比较。而后，当对不同族元素的原子量的差进行研究而没有立刻指向一定结果的时候，门捷列夫便根据原子量的大小来比较卤族和碱金属元素。这时，初始的网眼已经以更多网眼的形式呈现出来，如下：

$$Li = 7 \quad Na = 23 \quad K = 39 \quad Rb = 85.4 \quad Cs = 133 \quad Tl = 204$$
$$F = 19 \quad Cl = 35.5 \quad Br = 80 \quad I = 127$$

（Tl 被放在第一行是错误的，正如后来所弄清的那样，它不属于碱金属，而属于铝族。）

这两行元素成了未来体系的关键。此后，便接着这两行开始从上到下地安放其他的元素族，最后安排那些单独的元素。这样在碱金属的上面，门捷列夫排上了由碱土金属开始的其他金属，在卤族的下面，排上了其他的非金属。

在这张正在补充的表的边缘，开始逐渐由金属向非金属过渡。这就是门捷列夫思想起源的历程：由初始的一个网眼（Cl和 K）发展到包罗全部元素的一张网。从两个初始的族开始，然后扩展到所有的族，使元素都按照曾使 K 和 Cl 接近的特征接近。

这个过程的表现形式有些不同。每个自然规律都是普遍性的一种反映，所以可以把这个规律的发现的本质作为由起源向普遍规律发展的一个过程来加以研究。

恩格斯不止一次地指出，一个自然规律的发现，正是一系列由个别到特殊又由特殊到一般的发展过程。总是先从事实出发（在这些事实中，个别事实的因素被具体化了），然后认识过渡到把这些事实按它们的同一性（相似性）或差别性来分门别类，即把全部相似的放在一起，而把和它们有区别的放在对立的方面，这样便形成了一些特殊的类，而且都具有各自的特征。

这是一条认识的共同道路。这条道路与被认识的对象的特殊性——无论认识的客体是自然界的物体还是社会现象，抑或是我们人类固有的精神活动——一概无关。门捷列夫在自己的"工资一览表"（1891）中把部分人的利益（用辩证法的术语来说是个别的）、国家和民族的利益（特殊的）及全人类的利益（普遍的）进行了比较，他坚决反对那种企图"忽略国家是由人们组成的，而只是通过国家才组成人类"的思想。他还继续说："在讨论组成人体全部器官的细胞的时候，在研究人体的机能、需要和利益的时候，不应该忽视细胞组成人的各个器官的事实，而如果遗漏了手的、眼的、肺的以及类似的已经在结构和用途方面都专门化的大批细胞的机能的话，那么理解的正确性肯定会受到损害。"①

按照门捷列夫的意见，不能把单个的、个别的、个人的东西直接与全人类的东西进行比较，而要绕过那个把人统一于社

① 《门捷列夫选集》第 19 卷，第 134 页。

会和民族之中的特殊环节。这个特殊的环节正好能够帮助揭示和理解人们关系中的多样性。如果忽略了这个环节，就会导致简单化，导致一些没有现实内容的、呆板的公式化，而满足于把那种抽象的"普遍性"作为某种超历史性质的全人类的原则，造成一种对现实社会生活完全错误的概念。"在漏掉国家利益的情况下，个别人的私人利益直接向全人类的利益飞跃，"门捷列夫写道，"这是多么明显的遗漏，就好像是绕过几十和几百而由一直接增加到千一样；或者好像是由原子直接转变为物质，而避开那些只有在组成粒子或分子的时候才显现的并决定物质的化学转化的原子相互作用。如果在原子或者在单独的个体中已经存在差别，那么这些差别也应该存在于不同的粒子或国家之中。"①

　　长期以来，围绕门捷列夫到底怎样完成发现这个问题进行了一些争论：是先把全部元素排在总的系列之中，然后在这样的系列中显示了元素性质周期性的重复，还是把元素的各个族进行比较后才指示了所有元素的普遍联系（通过元素的族之间的联系）？

　　在分析门捷列夫档案馆中发现的元素周期表的草稿后，我们发现是通过第二种途径完成的。实际上，争论是围绕这样的问题展开的，即如果从逻辑学的观点来说，那么这个发现是由个别经过特殊而达到一般这一途径来实现的（通过比较元素的一些特殊的族）还是直接由个别到一般而绕过特殊呢？根据辩证法，对一般规律的认识只有通过特殊性才能完成，这一点已被令人信服地证明了。而下述观点则是完全空洞无物和

---

① 《门捷列夫选集》第 19 卷，第 135 页。

臆造的，按照这个观点，普遍性（规律）之所以能被门捷列夫发现，是因为他绕过了特殊性（族）并直接由单独的和个体的（单个的元素）向普遍性（全部元素的系列）过渡，而这一普遍性反映了隐藏在它内部的周期律。①

当然，门捷列夫是从比较元素的原子量开始的。因为在发现周期律的最初，元素共同性质的其他任何特征对他来说都是未知的，原子量是把全部元素排列起来进行对比的唯一根据（通过元素的族）。随着从被比较的族中逐渐产生未来系统的初步轮廓，一个新的特征便产生了。这个特征按其固有的本质来说，描述的不是某个个别被选取的化学元素，而是在全部元素的共同系统中找到自己位置的元素，如同个别存在于一般之中的情形。这就很清楚，在这一场合下，个别是通过一般来确定的，就像个别的是和普遍的联系在一起一样。类似的还有单个的环节是通过它所处的整个链条得到说明，单个的级（台阶）通过整个楼梯来说明，单个的整数通过整个自然数列来说明，道理是一样的。

因此，这里的情况是通过统一性和对立面的互相渗透的性质来确定的，因为个别和一般是对立的。而这一点，在系统中元素的"位置"特征中找到了自己具体的表现。这种位置，从一开始就作为一般和个别的统一性和互相渗透性表现出来。这一特征从形成的时候，就开始对该元素的其他性质和特征的关系方面表现出它的决定性作用，其中包括原子量。按照这种原子量把那些当时还没有被包括到系统中来的元素和它们的族继续进行对比。但是，和原子量一样，考虑元素在系统中应占

①　详见第六章。

位置的必然性也变得越来越重要。

　　元素在系统中的位置，实际上是通过适用全部元素的普遍规律对单个化学元素的一种理解。后来，正是在这样的基础上，门捷列夫从系统中的位置出发，也就是从一定的特征出发，提出了自己关于元素的新定义（我们称这个定义为"通过定律"的科学概念的局部定义）。

　　元素新的特征——在系统中的"位置"的形成为继续补充元素周期表开辟了新途径，也能把那些性质上特别是原子量没有得到准确测定的元素包括进来。这样的元素在20世纪60年代末有10个，其中3个元素门捷列夫通过这样或那样的方法已为它们在表中找到了位置，但还有7个很少被研究，他认为把这7个元素放在表之外，只是在形式上与表连接比较好。

　　在表的扩充过程中，把新元素包括进来是通过两个步骤依次来实现的。第一，必须根据元素的性质，特别是根据原子量为每一个元素找到一个合适的位置；第二，必须从那些还没有进表的元素中把那些最合适的元素逐一放到表中的每一个空位。有时会发生这样一些困难：表中的位置空着，而自以为可以在这个空位落脚的元素，其性质却不适合该位置；或者，有的元素虽还未进入这个系统，但是表中已没有它应占的空位。

　　为了使已有元素和表中空位能够彼此适应，门捷列夫不得不同时使用几种不同的逻辑方法。例如，他采用了一种对另一种能够彼此互相检查的方法，即演绎与归纳、分析与综合。由业已熟知的材料出发，当有机会组成元素系统的这一部分或那一部分的时候，他首先采用归纳法，并且用归纳法检验与此法相矛盾的演绎法得到的结果。这样便一次又一次地证明，整个发现的基础就是矛盾着的双方对立的统一及互相渗透，在这个情况下，也是矛盾对立的逻辑方法的统一和互相渗透。

系统中位置的特征，意味着进入这个位置的元素的全部性质的综合。所以，至少可以把这个位置作为几何学或图表的特征加以研究。这一特征不仅是元素性质综合的简单反映，而且反映了该元素与周围其他元素的关系和联系（按系统来说与一些"邻居"的关系和联系），而通过它们又与其他元素连接起来。这就是说，该元素的本性（它的性质的综合）在"位置"这一特征中得到反映，同时也找到了它与其他元素的相互联系（它与其他元素的相互关系的综合）。这就是为什么说为寻找这个特征必须进行分析和综合。

由此可以清楚地看出，为什么说位置的特征相较原子量不可避免地具有更为重要的意义，因为原子量只是组成元素各种性质总体中的一种性质。当我们讲到门捷列夫在周期律发现过程中的预言的时候，我们还要回过头来讲这个问题。

第三节　首批的预测

门捷列夫遇到过这样一些问题：不是一些已知元素的性质资料不精确或需要修正才能把这些元素都放到相应的位置，就是干脆漏掉了未发现的元素。除此之外，究竟元素的什么性质才是其原子量的周期函数？一般的回答是：所有的物理和化学性质都是原子量的周期函数。这样笼统的回答当然不能使门捷列夫满意，他需要具体的资料。为此，就必须研究那些随原子量变化而变化的元素的各种性质。

根据这一点，科学家在发现的那一天所做的预测是在周期律这一共同的客观基础上进行的。研究进行得越深入、越细致，预测就越准确，理由也就越充足。当定律刚诞生的时候，就出了这种预测，这是一件很困难甚至冒险的事。但门捷列夫坚信，为了发现一个新的自然规律，冒险是完全值得的。他使用演绎法从定律中得出的逻辑结论恰好就是那些大胆的科学预测。现在我们来看几个具体的例子。

对原子量的预测是最早的，因为此处只涉及已知的元素。例如，对铍（Be）的原子量修正的历史是特别有趣和有教益的。在氧化物中，Be 的当量被认为是 4.7。而随着 Be 氧化物形式的变化，它的原子量也都是 4.7 的不同倍数。例如，在氧化物 Be_2O 的组成中，Be 的原子量就应该是 4.7；而在 BeO（类似于 MgO）中，Be 的原子量就应该是 9.4；而在 Be_2O_3 形式的氧化物（类似于 Al_2O_3）中，Be 的原子量是 14.1。因为 Be 的氧化物的性质很接近 Al 的氧化物（氧化铝 Al_2O_3），所以化学家便认为在氧化铝类型的分子式中 Be = 14。当时只有 И. B. 阿夫捷耶夫顽强地（但毫无结果）坚持说，Be 的氧化物的分子式不是 Be_2O_3 而是 BeO。如果是这样，Be 的原子量就应该是 9.4。

当时，周期表的主要部分已经完成。但问题来了，Be 应该放在什么地方？采用 Be = 14 后，门捷列夫便把 Be 放到 Li（Li = 7）上面的一个以 Al = 27.4 开头的族中，Al 开始是在 Na = 23 的上面。但是，这种做法破坏了表中业已弄清的部分元素的原子量的连续性，即 Be = 14 好像应该放在 C = 12 和 B = 11 前面。然而，根据 Be = 14，Al 应该放在 C 和 B 的后面。而 C = 12 和 O = 16 之间的位置，早已被原子量为 14 的氮元素占据。与此相似，Al = 27.4 好像不能排在 Mg = 24 的后面，而应该排在 Mg 的前面。显然，Be 和 Al 这两个元素明显不适合放在它们最初被安放的位置。

另外，在和 Li 相邻的栏中，在 B = 11 的下面有一个空位（和镁在同一行），而在下一栏中，在硼（B）的那一行同样有一个空位（在 Mg = 24 和 Si = 28 之间）。而第二个位置明显"请求"Al 去，于是门捷列夫便把 Al 移到这个位置。但这样一来，立刻破坏了由 Be 和 Al 组成的族。把 Al 移开后，Be 放在 Li 的上面，这无论用什么理由都无法解释。要把 Be 放到 B 下面的位置上，就得把 Be 的氧化物的分子式从 Be_2O_3 变为 BeO，也就是要承认 Be 如 И. В. 阿夫捷耶夫证明的那样是双原子元素，而不是像大多数化学家所主张的那样是三原子元素。门捷列夫重新进行了核算，得到的结果是 Be = 9.4，他把这个被修正的原子量写在镁族 B = 11 下面。

这样一来，门捷列夫的第一个预测就立刻得到了证实，Be 也立即在周期表中找到了自己的位置。但是化学家们仍旧坚持 Be_2O_3 的形式，直到 19 世纪 80 年代瑞典化学家尼尔逊和彼得森根据对氯化铍的蒸气密度的测量，用实验证明了 BeO 形式的正确性之后，化学家们才接受了门捷列夫对 Be 的原子量的修正。有趣的是，这两位瑞典化学家在进行这些实验之前，都坚决主张铍的氧化物形式应该是 Be_2O_3，且都是门捷列夫周期律在这一点上的反对者。

根据自己的定律，门捷列夫开始着手系统地检查许多元素的原子量，并指出很多原子量过去的测定都是不准确的，需要纠正。例如，在 Be 的例子中，原子量竟差那么多。又过了几年，门捷列夫预先做出的那些修正都被实验证实了。那些不愿意承认周期律和由周期律导出的逻辑结果的怀疑论者越来越少。

在充满尖锐斗争的气氛中，门捷列夫周期律在科学上得到了确立。人们可以了解到门捷列夫做出这样的预测是多么大胆和具有远见卓识。在《关于元素周期律的发现》（1927）一文中，A. B. 拉科夫斯基写道："假设我们现在生活在 1871 年，以我们的心情，同样尊重实验数据，试想一下，假定这时一位化学家来到我们跟前并宣布他发现了周期律，并且他在周期律的基础上建立了元素的自然体系。接着他又说，不过……为了建立这个体系，他对 64 个元素中的 28 个都或多或少地施加了'暴力'，直到不惜大幅度修正这些元素的原子量。这时，如果我说我们中间大多数人对这个发现持否定态度，而这样的体系也会被称为反自然的体系，我想大概是没有错的。不用怀疑，门捷列夫发现自己的体系并不是盲目遵循事实的结果，而是在对事实的批判分析的基础上完成的。伟大而罕见的天赋能够透过大量不正确的外壳，观察到那个隐藏在千百万人眼皮底下的真相。"[1]

如果对于那些已知的并且或多或少有过研究的元素而言情况都这么复杂，那么显而易见，对那些尚未知晓的按门捷列夫的意见应该占据周期表中确定空位的元素来说，情况更加复杂，出路只有一条：等待这些元素逐渐被发现。因为周期表中的每一个空位都反映了那个元素的综合性质，所以根据这些空位就可能从理论上预先计算出这个元素的性质的数值关系，要做到这一点只有一个条件，那就是要知道这个空位相邻元素的性质，因为周期表中的位置在反映该元素全部性质的同时，还

---

[1] 《门捷列夫周期律及其哲学意义》，第 42 页。

综合地反映了这个元素和其他元素的联系和关系。

在周期律发现的那一天，门捷列夫就对一些当时还未被发现的元素做出了很笼统的预测。后来的类硅，便是被预测元素中的第一个。

当表的编制接近尾声的时候，表中形成了一行（族）碳元素——C = 12，Si = 28，Ti = 50，而后便是砷（As = 75）下面的空位，接着是 Zr = 90 和 Sn = 118。在当时的元素之中，没有一个能放进 Ti 和 Zr 之间的空位。这就是说，应该期望这里存在一个新的、还未被发现的元素。门捷列夫根据质量互变规律计算出这个元素的原子量。根据定律，无论是在哪一列（未来的周期）还是在哪一行（各族），随着原子量的增加都存在一定的"进程"。根据这个进程，即相邻元素的原子量的差额，门捷列夫计算出了还未获得元素的原子量，他用 X 表示这个未知的元素。

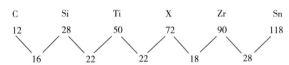

17 年后，锗被发现了。它的原子量等于 72，正好符合门捷列夫在元素周期律发现的那一天对未知元素 X 所做的预言。

当时门捷列夫还准确预言了三个新元素：X = 45（后来的类硼）、X = 68（后来的类铝）和 X = 180（后来的类锆，1923 年被命名为铪）。

镓、钪和锗的发现，使门捷列夫在全世界范围内赢得了荣誉。拉科夫斯基在同一篇论文中说："这些被证实的预言，不但是门捷列夫的胜利，而且也是人类智慧的伟大胜利。当勒维烈和亚当斯在'笔尖上'发现新的行星海王星的时候，这是天文学家的自豪，没有哪一本天文学教科书不提及这一发现。但我还是认为，门捷列夫的发现和预言更令人惊叹不已，因为勒维烈和亚当斯发现海王星是根据天王星运动的明显偏差，全部的计算则是在公认的牛顿定律的基础上进行的；而门捷列夫发现元素和对其性质做出预言是根据他自己创建的系统中的空格子，是在由他创建的远没有被大家承认的定律的基础上完成的。"①

这样，门捷列夫在完成发现的过程中，以及对发现做进一步完善的每一个决定性的转折中，辩证法都是原则性方法论的基础。辩证法是个可靠的工作方法，借助它，周期律的发现才得以开始并完成。虽然门捷列夫不是一个自觉的辩证论者，但他善于把辩证法创造性地运用于自己的科学研究工作之中。

---

① 《门捷列夫周期律及其哲学意义》，第 44 页。

第六章 两种说法

周期律到底是通过什么途径或利用什么样的方法才被发现的？这个问题不但从科学史的角度看具有重大意义，而且从认识的逻辑和理论观点看也是一个很深刻的问题，因为这个问题关系到如何揭示隐藏在历史真相背后的真理。所以，这个问题引起了各方学者的极大关注，特别是引起了从事研究科学创造过程及其规律性的人们的兴趣。

这个问题可以这样来表述：周期律是怎样被门捷列夫发现的呢？是按照元素原子量从小到大增加的次序把所有的元素一个接着一个排列成一个总的系列（第一种说法），还是把事先已准备好的整组元素进行比较，然后按照原子量的大小，使一个组的成员与另一个组的成员彼此靠近呢（第二种说法）？正如下面我们将要看到的那样，对于这个问题的回答，乍一看并不十分重要，但它具有重大的原则性和深刻的方法论意义。

第一节 系列的说法

门捷列夫还在世的时候，人们就已经不断地向他提出这个很多人都深感兴趣的问题：到底是什么方法和什么样的想法促使你发现周期律？你又是怎样建立自己的化学元素周期系？

他本人对这个问题是这样回答的：一切事物都具有自己能为人理解和概括的独特的性质或特征，对于这些我们应该用一切方法来加以研究。在研究物质的时候，门捷列夫注意到物质有两个这样的性质或者说特征：第一个是物质的质量，它占据空间并在引力中表现出来，尤其是在物质的重量中表现得最为明显和真实；第二个是在化学转变中表现出来的个体性，这一性质最清楚地被表现在化学元素的概念之中。

正如我们前面指出的，在门捷列夫面前不可避免地要提出两个问题：某物质有多重？它是什么性质？质量和化学性这两个概念恰好适宜描述物质的这两个性质或特征。因此，他不由自主地产生了一个想法：元素的化学性质和它的原子量之间一定有某种联系，因为物质的质量虽然不是绝对的，但也是相对由原子的形式最终表现出来，那么就应该在元素的个体性质和其原子量之间寻求函数关系。"要寻找任何一样东西，无论是采蘑菇也好，还是寻找一种什么样的依赖关系也好，除非亲口尝一尝，亲手试一试，别无他法。于是我先把元素写在一张张小纸片上，同时也写上元素的原子量和主要的化学性质，然后对相似的元素和相近的原子量进行分类。"[①] 这样门捷列夫便得到如下结论：化学元素的性质是周期性地依赖于它们的原子量的。

如上所述我们可以知道，门捷列夫排开了独特的"化学牌卦"，正如 A. E. 费尔斯曼所说，假定元素的相似性（也就是它们都属于同一自然组）相当于纸牌的花色，而原子量相

---

① Д. И. 门捷列夫：《周期律》，第 325～326 页。

当于纸牌上的数字（两点、三点等）。这样一来，门捷列夫可以这样来排"化学纸牌"。例如，同一花色的牌排在同一系列，每栏牌的点数（大致）一样，这就好比通常的某个牌卦。

门捷列夫爱玩牌卦，据他的妻子回忆，他曾为她设计了一副特殊的牌卦，在这副牌卦中，他用一个红方块的皇后（12）来表示她。这样，门捷列夫平时在休息而玩的牌卦，却在科学创造的紧要关头帮了他的大忙。因为科学创造的心理学还很少被详细研究，而科学创造过程中的一切心理详情，对于厘清科学家在完成科学发现时刻的创造性思想的工作"机制"是非常有益的，所以我们在下面还要详谈这个问题。

门捷列夫化学牌卦的一般思想我们已经弄清楚，关于这个思想，门捷列夫在《化学原理》一书中已谈到。但是这个牌卦到底是怎么个排法，我们还不知道，因为门捷列夫有两条路可走。第一条路，他可以按原子量从小到大增加的顺序把所有的元素摆成一排，然后将这一总行的元素分割成若干单个的片段，再把一段放在另一段的下面，然后把元素按照"化学花色"调整到一起。若走第二条道路，他可以一下子就把一些已经按化学花色摆好的元素组，按这些组中成员的原子量大小，把一组放到另一组下面。

这两条路到底哪一条在实际中被应用过呢？这个问题无论是从心理学还是逻辑学的观点来看都是很有意义的。事实上，这个答案似乎已经包含在周期律发现之后门捷列夫随即写的第一篇论文中：开始按照原子量的大小将所有元素排成一个总系列，然后将那些同组的成员彼此连接在一起。

门捷列夫指出，他力图在按元素的原子量的大小的基础上建立一个系统。而他的第一个尝试就是选择一些原子量最小的物体，再把元素按照原子量的大小排列。"看来，似乎存在单质的性质和周期，甚至按原子价这些元素也应该一个接一个地处于它们原子量大小的算术级数序列之中：

Li = 7；Be = 9.4；B = 11；C = 12；N = 14；O = 16；F = 19

Na = 23；Mg = 24；Al = 27.4；Si = 28；P = 31；S = 32；Cl = 35.5

K = 39；Ca = 40 — Ti = 50；V = 51 —

在原子量大于 100 的元素的等级中，我们也遇到一个完全类似的连续系列：

Ag = 108；Cd = 112；Ur = 116；Sn = 118；Sb = 122；Te = 128；I = 127

这样，好像 Li、Na、K、Ag 也彼此相关，正像 C、Si、Ti、Sn 或 N、P、V、Sb 等彼此相关那样。由此立刻产生了一个推测：元素的性质难道不能在它们的原子量中得到反映吗？难道不能在原子量的基础上建立一个系统吗？接着，我便进行了建立这种系统的尝试。"①

不少化学家和化学史家认为，这个资料业已完全解决门捷列夫发现的问题。霍米亚科夫在论证这种意见时还引证了门捷列夫的另一份材料。在《化学原理》第三版（出版于发现完成八年之后）中，门捷列夫写道："使我把元素按照其原子量大小排列起来的想法是一个基本思想。这样一排列，立刻就看到了元素周期中性质的重复现象。

对于这一点，我们已经知道了一些例子：

卤素 F = 19；Cl = 35.5；Br = 80；I = 127。

碱金属 Na = 23；K = 39；Rb = 85；Cs = 133。

① Д. И. 门捷列夫：《周期律》，第 18 页。

碱土金属 Mg＝24；Ca＝40；Sr＝87；Ba＝137。

在这些族中可以看到事情的本质。"① 卤族元素的原子量比碱金属的原子量小，而碱金属的原子量又比碱土金属的小。

在门捷列夫这个论述的基础上，霍米亚科夫对把单张纸牌放到牌卦中去的顺序的最初假设做了一处修正。按照霍米亚科夫的看法，门捷列夫一开始并没有把元素排成一个系列，而只是排出了这个系列的部分环节。每环节中都有一个卤素，而在这个卤素元素的后面，按照原子量大小排列，紧接着是碱金属元素，在它之后是碱土金属元素。结果，按照这个意见，形成以下一个片段一个片段的行：……F、Na、Mg……Cl、K、Ca……Br、Rb、Sr……I、Cs、Ba……

在这些片段中发现了周期性之后，门捷列夫似乎就开始用其余元素来填补各片段间的空位，结果促成了周期律的发现。

引证门捷列夫已发表的一些论述，乍一看似乎具有很强的说服力，但那些化学史家对这种解释的正确性仍存疑，因为他们希望把事情设想成这样：开始用全部的元素组成一个圆满的整系列（或者作为单独的片段），然后从这整系列中挑出未来的周期元素，再把这些周期元素按顺序将一个写在另一个下面。

但是，从《化学原理》及门捷列夫有关周期律的第一篇论文中所摘的引文存在一些问题，如果从把所有元素组成总系列这一假设出发，就无法回答如下问题。例如，被霍米亚科夫援引的引文中已经说得很清楚，卤素的原子量小于碱金属的原子量，而碱金属的原子量又小于碱土金属的原子量。门捷列夫把原子量的相互关系倒过来说，正像他写在同一张表中的那些

---

① Д. И. 门捷列夫：《周期律·补充材料》，第349页。

元素那样，碱金属的原子量比卤素大，碱土金属的原子量比碱金属大，这也是很自然的事情。

乍一看这是一桩小事，大可不必在意科学家在叙述自己的发现时是否少写了什么东西，但是对科学史家和心理学家来说，是没有不引起他们注意的小事的。事情往往是这样，初看好像是微不足道的小事，很可能会出乎意料地成为解开哑谜的钥匙，并能驳倒那些好像是难以推翻和业已被证明的意见。

如果接着霍米亚科夫引证的材料往下看，我们就会发现，不知为什么，门捷列夫还继续执着地关注诸元素的各个栏不是按原子量增大的顺序，而恰恰相反，是以原子量减少的顺序。于是他写道，氮的原子量比氟少，而类似氟的元素 P、As、Sb 的原子量比卤素少。"所以，如果把所有的元素按原子量大小来排列的话，就会得到元素性质周期性重复的结论。"[1]

或许，起初门捷列夫并不是按照元素的原子量增加而是原子量减少的顺序来排列元素的？在周期表发现的瞬间门捷列夫到底是怎样想的呢？在寻求第二个问题的答案之前，必须对第一个问题做出回答。

让我们来看一下关于周期律的第一篇论文。从这篇论文中仿佛可以得出"把全部元素排成一总系列"这个假设。门捷列夫写道，在所提出的系统中，元素拥有的原子量是确定其位置的一个依据，而从六个自然组中得到一张小表，这些组"清楚地表明元素的天然性质和其原子量大小之间存在某种精确的关系"。[2]

---

① Д. И. 门捷列夫：《周期律·补充材料》，第 349 页。
② Д. И. 门捷列夫：《周期律》，第 18 页。

　　由此我们看到，在定律发现之后，门捷列夫立刻编制了一张表。在这张表中，元素正是按照原子量的减少排列的。但这一点在这里并不重要，重要的是门捷列夫在这里讲到的是那些单个的元素组按照原子量的大小进行的彼此间的比较，根本没有谈到元素编制成总系列的方法。这一点在阅读门捷列夫论文的上述段落时就可以看出来。

　　现在我们回到第二个问题。我们在门捷列夫另外一些著作中找到了这个问题的答案，这些著作是门捷列夫在进一步完善发现时或是在发现做出之后不久写成的。

　　1871 年，门捷列夫又一次涉及这个问题，他在 3 月的《论元素体系问题》的手稿中写道："不相似元素及其化合物的性质与其元素的原子量之间呈现出周期性的依赖关系这一点，只有在相似元素的这一关系被证明之后方能加以证实。在我看来，在把不相似的元素进行对比时，同样包含了一个最重要的特征，它使我的元素系统和一些前辈的元素系统区别开来。像这些前辈一样，除了少数的例外，我也采用了那些相似的元素组。但同时我也给自己提出了一个研究各组元素间相互关系的规律性的目标。这时我掌握了上面提到的那个普遍的适用于所有元素的原则。"[1]

　　6 月，门捷列夫指出，"据我所知，目前连一个能把全部已知的自然组联系成一个整体的概括方法都没有"。[2] 从这些话中似乎也可以看出门捷列夫曾力图填补这一空白，并力图借助于自己提出的这个理论，将所有元素都联系于一个整体之

---

①　Д. И. 门捷列夫：《周期律》，第 388 页。
②　Д. И. 门捷列夫：《周期律》，第 106 页。

中。这样，那个关于发现的假设便有了深厚的基础。这个假设认为，发现绝不是通过把全部元素编排在一个总系列中完成的，也不是通过编排这一个总系列中的某些片段完成的，而是通过组的成员的原子量的大小来比较整组的元素来达到的。虽然作者本人直接的论述对这一假设是有利的，但是怎样才能精确地证明这个假设的正确性呢？

显然，要做到这一点，唯一的办法就是到档案中去寻找新的材料。

第二节　自然组的说法

1949 年 1 月，我得知列宁格勒大学门捷列夫博物馆发现了一批新的门捷列夫手稿，这些手稿又都与周期律发现有关。在此后的 10 年里，我花了无数个日夜来清理和解释这些手稿，特别是门捷列夫亲手写的各式各样的表格。这样的研究，使我得以重现门捷列夫发现过程的全部景象，同时还确定了发现的准确日期。这个研究，使科学家们如此感兴趣的问题，即伟大的发现到底是将排列在系列中的元素进行比较还是以整组的元素进行比较的问题，得到了彻底的和确有证据的解答。

我们将一一列举那些与周期律发现的那一天有关的文献。现在我们就按门捷列夫书写的时间顺序把这些文献编排如下。

第 1 份文献：霍德涅夫来信背面的草稿（图 14）。

第 2 份文献：两张不完全的表（图 15）。

第 3 份文献：在《化学原理》第一版页边上记的原子量（图 1）。

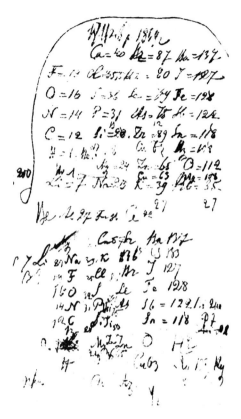

图 15　两张不完全的表（上半部为第一张小表，下半部为
第二张小表）（1869 年 2 月 17 日）

第 4 份文献：记录化学牌卦每一个步骤的完整元素草表（图 22）。

第 5 份文献：一份准备寄往印刷厂发排的誊写整齐的元素表（图 29）。

三份文献有门捷列夫亲笔写的日期，第 1 份、第 2 份、第 5 份文献上的日期是 1869 年 2 月 17 日，其余两份文献虽没有注明日期，但根据文献的内容来判断，都写于门捷列夫准备"化学牌卦"（原子量的手抄本）并写出牌卦（完整的元素草稿表）的这一天。通过对这些文献完整的判读和分析有可能重现整个发现的过程。这个分析到底说明了什么问题呢？

在霍德涅夫来信背面，门捷列夫开始做出第一批涉及元素和其原子量的推论。他把 Cl 与 K 进行了比较，之后写下了四个碱金属元素的原子量（Na、K、Rb、Cs），而在碱金属原子量的下面，又写上四个另一组金属的原子量（Be、Mg、Zn、Cd），然后他像做算术减法那样进行计算：从上面元素的原子量中，减去下面元素的原子量，得到要寻找的差额，但原子量之差的规律性在这里显示得还不明显。四个差数中只有后面的两个数值（20 和 21）几乎完全一致。但也可能减法本身不正确，或者被减去的并不是应该减的那个数，或者应该减去的数却没有减？例如，为什么必须从钾的原子量中减去镁的原子量呢？

但是，这里重要的是原则，这个原则就是应该确定不同组的元素的成员之间的原子量之差。为了做到这一点，就必须把原子量大的那个元素写在上面，而把原子量小的那个元素写在下面。原则被发现了，紧接着门捷列夫便开始对它进行检验，无论如何，他都想迫使那个原则"运转"起来。

霍德涅夫信来信背面的记录已经表明，对整组元素进行比较是发现的开端。紧接着，门捷列夫便着手编制元素表。这时他用的还是老办法：把一组元素写在另一组元素下面，以便计算出彼此靠在一起的不同组元素之间的原子量之差。他在卤素下面写上氧组，在氧组之下写上氮组，氮组之下是碳组，等等。这样便得到第一张不完全的小表。（图 15 上半部分）

在这张表里，门捷列夫记下了镁组、锌组的成员和碱金属成员的原子量之差，对于 Zn = 65 和 K = 39 这一对，差为 27（精确一点为 26）；对于 Cd = 112 和 Rb = 85 这一对，差也是 27。27 这个数字在这张表中出现两次。对于 As = 75 和 Cu = 63，差为 12；对 Sb = 122 和 Ag = 108，差为 14。这些差被写在同一张表的另一个地方。这些差也都是一些很接近的数值。

然后，按同一方式，门捷列夫把小原子量的元素写在大原子量的元素的下面，这样他就编制了第二张不完全的元素表（见图 15 下半部分）。他最感兴趣的仍然是原子量大小比较接近的两个元素组成员的原子量之差，如 K = 39 和 Cl = 35.5。

下半部分这张不完全的表正好是由 6 个组编成的表的基础，它已被门捷列夫在关于周期律的第一篇论文中论述过。

现在看看不同组的互相靠在一起的元素的原子量之差，我们就会明白为什么门捷列夫在这里排除了出现偶然的可能。例如，在有碱土金属和碱金属的情况下，碱土金属元素的原子量大，因而写在上面；碱金属的原子量小，因而写在下面。这两个元素组对应的元素的原子量之差为：Ca − K = 1，Sr − Rb = 2.2，Ba − Cs = 4。也就是说，在这三种情况下，原子量之差都等于几个原子单位（由 1 到 4），这个差随着原子量的增加而增加。碱金属和卤素的原子量之差，也是用同样的方法来确定的，即 Na − F = 4，K − Cl = 3.5，Rb − Br = 5.4，Cs − I = 6。于是又重复了刚才的那个情景：不同组而接近的元素的原子量之差在这里仍然等于几个原子单位（从 4 到 6），这个差数随着原子量的增加有规律地增加。这一规律性到处都可以观察到。

只有一个例外，还是在发现的第一天，门捷列夫就碰到了这一反常现象：Te = 128 和 I = 127。

　　这张元素表每抄写一次，就得重填一遍各个元素，而且还得把表中的个别元素搬来搬去。显然，这是一件很不方便的事情，况且这些重抄的表非常多，拖延了整个发现的过程。被研究得最多的元素排布起来并没有遇到特别的困难。剩下的那些是很少被研究的元素，在表中安排它们是比较困难的，找到合适的位置必须移动多次方能奏效。假如每移动一次都要抄一次表的话，那么仅抄表这一项工作就得用去很多时间。显然，为了避免这个困难，门捷列夫又采用了牌卦的办法。牌卦的每一步，门捷列夫都记在一张纸上，结果在这张纸上就形成了完整的元素表的草图（图22）。这张表的构造顺序和图15中那两张不完的表的顺序是一样的，上面的是大原子量的元素组，在它们的下面是小原子量的元素组。现在，根据两个彼此靠在一起的组的成员的原子量之差，已经能够判断某个元素被包括进某一个组中是否正确。因此，这样一个事实无可争辩，周期性的发现是通过连续比较元素组的途径（按它们成员的原子量的减少）和通过比较确实彼此接近的不同元素组的成员间的原子量之差完成的；而那种关于把全部的元素先编成一个总系列或者这个系列的一些片段的说法，应该认为已被对档案文献严格的分析驳倒。

　　现在我们已完全明白，为什么在《化学原理》第三版中门捷列夫没有讲原子量的增加（一个比一个大），而只讲了它们的减少（一个比一个小）。我们说过，这是一件小事，却是一件很重要且有着特殊意义的小事，因此不应对它置之不理。现在我们看到，正是根据这件"小事"，我们才得以仔细观察到了科学家发现的全部过程。

当编制元素表的工作基本完成的时候，出现了一个重要的情况：每一栏下一列的尾端，如第二栏、第三栏、第四栏和第五栏尾端的那个元素，直接和上一栏顶端的元素连在一起，形成了一个总的元素的连续系列，这些元素按其原子量变化的顺序排列。例如，第三栏尾端的元素是 Mg＝24，它和第二栏顶端的元素 Na＝23 直接相连；第二栏尾端的 Ba＝9.4 直接连着第一栏顶端的 Li＝7，第五栏尾端元的元素 Zr＝90 直接连着第四栏顶端的元素 Sr＝87.6；而第四栏尾端的 Ti＝50 几乎和第三栏顶端的 Ca＝40 相接；等等。

正是这个总的元素的连续系列，被某些化学家作为整个发现的出发点。实际上，关于连续系列的思想基本上是由于完成发现产生的，所以它的产生绝不会早于发现本身。在图 16 中引用了元素的许多连续系列中的一个，这个元素连续系列是门捷列夫在周期律发现之后的几个月里编制而成的，显现出元素的原子量和原子体积的依赖关系，门捷列夫在迈尔之前就已发现这种依赖关系。

图 16　按原子体积排列的总的元素连续系列（1869 年夏）

第三节　争论什么

在研究周期律发现的时候，可能会产生这样一个问题：关于上面那两种说法的争论难道有原则性的意义吗？难道这个争论对于科学史或对于科学创造的心理学有什么效益吗？就算已经证明门捷列夫走的是第二条路，那么从这里又应该得出什么结论呢？要知道，门捷列夫也是很有可能走第一条路的！我们来考虑一下这个发现的逻辑问题。正如恩格斯所说，自然定律是自然界普遍性的形式。自然定律的发现，就意味着应该搞清楚怎样在化学元素的领域找到普遍性（普遍的规律性的联系）。我们还记得门捷列夫本人也曾谈到这个概括方法，它应该把元素的全部自然组都联系在一个整体之中。

像我们上面讲过的那样，自然界的普遍性的发现是严格按照一定途径来实现的。这一途径既不以个人的动机为条件，也不为主观意志（如科学家的志趣和爱好）决定，这一途径完全受客观条件制约，而这些客观条件便是辩证逻辑的研究对象。

恩格斯在《自然辩证法》一书中写道："事实上，一切真实的、详尽无遗的认识都只在于：我们在思想中把个别的东西从个别性提高到特殊性，然后再从特殊性提高到普遍性；我们从有限中找到无限，从暂时中找到永久，并且使之确定。然而普遍性的形式是自我完成的形式，因而是无限性的形式；它是把许多有限的东西综合为无限的东西。"①

---

① 恩格斯：《自然辩证法》，第212页。

　　作为科学认识史和人类实践活动史上的具体事例，恩格斯引用了能量守恒和转化定律的发现过程。在学会了人工取火之后，人类便可以做出判断（这时人类的大脑已经足够发达）：摩擦是热的一个源泉。1842 年，当迈尔、焦耳和柯尔丁研究了机械运动向热的、向更普遍的运动形式的转化过程时，他们做出了另一种判断：一切机械运动都能借摩擦转化为热。又过了三年，迈尔才把这个判断提高到更高的阶段，并做出概括：在每一情况的特定条件下，任何一种运动形式都能够而且不得不直接或间接地转变为其他任何运动形式。恩格斯总结说："我们可以把第一个判断看作个别性的判断：摩擦生热这个单独的事实被记录下来了。第二个判断可以看作特殊性的判断：一个特殊的运动形式（机械运动形式）展示了在特殊情况下（经过摩擦）转变为另一个特殊的运动形式（热）的性质。第三个判断是普遍性的判断：任何运动形式都证明自己能够而且不得不转变为其他任何运动形式。"①

　　这就是认识和实践的进程：人们的思维实现了一个由个别向特殊又由特殊向普遍上升的过程。恩格斯总结说："因此，表现在黑格尔那里的是判断这一思维形式本身的发展，而在我们这里就成了对运动性质的立足于经验基础的理论认识的发展。由此可见，思维规律和自然规律，只要它们被正确地认识，必然是互相一致的。"②

　　当从事化学元素认识史和周期律发现史研究时，我们就可以说，这个认识过程也是经由个别到特殊又由特殊到普遍的上

　　① 　恩格斯：《自然辩证法》，第 203 页。
　　② 　恩格斯：《自然辩证法》，第 203 页。

升的道路，能量守恒和转化定律被发现时的情况正好一样。

最初，积累了一些关于单个化学元素的个别性质的知识，并且这些元素的发现本身是以个别性质的纯粹偶然的事件方式出现的。这种状况一直持续到 18 世纪中叶。这在化学领域就是对个别的认识阶段。从 18 世纪中叶起，更全面的是从 19 世纪前几年开始发现和研究整族的化学元素。各种化学元素之间进行对比，自然组的化学元素彼此进行比较，而且只有那些化学性相似的元素才能被联合在一个组里，一个组的元素与其他组的元素以及和那些不相似的元素的区别十分明显。这样，在 19 世纪初产生了碱金属组、碱土金属组、卤（素）组、硫组、磷组等。在这些元素组中，就已经显露出元素的某些性质的有规律的变化，如原子量和比重。如果在一个由三个成员组成的组中（三素族），把这些元素按原子量的变化排列起来，那么中间的元素原子量等于两端成员的原子量之和的 1/2。

但是，当化学家们根据自己的目的把化学元素按照相似的元素的特征划分成若干个特殊的自然组的时候，他们对单个组中的这种相互关系就没有再进一步研究。这是对化学元素特殊性的认识阶段。

化学家们的思维在特殊性阶段被耽误得太久。在周期律发现 20 年后，门捷列夫在回忆发现定律的情况时说："周期的规律性，在 60 年代之前已经有了较好的基础。如果说这个规律性只是在 60 年代末才被人们揭示出来，那么这个原因，依我之见，是人们只把相似的元素彼此进行比较。"[1] 但是，按照元素原子量的大小来比较元素的想法在当时一直被视为异端邪

---

① Д. И. 门捷列夫：《周期律》，第 212、213 页。

说。因为无论是尚古多的"地平线"元素表，还是英国科学家纽兰兹的"八度音律"元素表，都没能引起人们的注意，虽然在这两个人的著作中可以看到接近周期律的东西，甚至看到周期律的萌芽。

周期律（普遍性）的发现是化学家们思维上升运动的完成。门捷列夫在向科学界宣布发现时写道，假如论文能够使学者们注意到那些不相似元素的原子量大小的相互关系，而这个关系据他所知至今还几乎没有被任何人注意过，那么论文的目的就算是完全达到了。

但是，正如门捷列夫指出的那样，只有在相似元素的性质与原子量之间的相互依赖关系被证明之后，才能够确立不相似元素的性质与其原子量之间存在的那种关系。门捷列夫看到自己的目的在于研究各个元素组之间的相互关系的规律性，也就是说要研究存在于特殊性的个别方面之间的规律性，这个特殊性是在以前研究化学元素阶段已确定了的。

从这些观点出发，我们试着判断本章一开始阐明的那个争论。第一种说法——按照原子的大小，把全部元素编排到一个总系列之中，若从逻辑的观点来看，意思是这样：向普遍性的过渡（向新的自然定律的发现过渡）应该通过个体（单个的元素）直接向普遍性（向规律性）过渡，而完全避开特殊性（元素个别组）。这样的假设是公然违背科学认识的普遍进程的。科学的认识在自己的前进运动中由个别上升为普遍，不能是直线的和直接的，而是经过一个特殊的中心环节。

相反，第二种说法——不是由全部元素编成总系列，而是根据不同的自然组的相近成员的原子量的大小来比较各个组

（特殊的），被档案材料证实，完全符合科学认识的一般进程。一般性或普遍性（自然规律）并不是从个别的（单个的，不是联合于元素组里的）里面直接产生的，而是通过特殊性的阶段才被发现的，因为直接进行比较的不是单个的元素而是元素的一些组。

这样一来，围绕周期律发现的方式这个对于科学史家来说似乎无关紧要的问题进行的争论，却出乎意料地具有了巨大的原则性意义。这个原则性争论的焦点是：周期律的发现是符合还是违背辩证法的普遍规律？

门捷列夫比较元素组的情节，即通过特殊走向一般，又一次证明，如果这些规律最终能为我们正确认识的话，那么自然规律和思维规律必然协调一致。

第七章　心理学的机制

自然科学产生以来，世界上所有的科学发现中，恐怕只有元素周期律的发现保存了有关发现的大量历史材料。这些历史资料，从作为发现基础的最初思想的诞生的那一刻起，直到发现相对完成，足以重建发现的整个过程。由于门捷列夫把自己的全部记录、工作计划草稿和草图保存了下来，这些资料得以帮助我们重构科学家在完成伟大发现时的思想活动。

第一节　研究的方法

分析科学发现和研究科学发现的历史，有两条基本途径。第一条途径是采用统计或调查询问的方法，尽可能地事先收集大量有关科学家们做出发现的材料。为此通常要进行调查，并将得到的材料进行统计整理，以使在科学发现的实质中以及在做出科学发现瞬间的心情状态和决定性的思想诞生过程中显示出一定的规律性。

虽然，从科学家那里得来的材料尤为重要，但我们要永远记住，主观的记述并不足以全部（说得谨慎些）、正确地再现发现的过程。对历史事实的分析，无可争辩地证明了门捷列夫常常不记得（我们在这里不想用"忘记"一词）自己完成科学发现的经过。在发现完成的一瞬间，他的意识是以直觉的方式进行工作的。直觉不受记忆的制约，而是作为一种思维活动按照通常的逻辑方法进行的。

巴甫洛夫基于自己的一个想法，做了有趣的自我观察："我只记住了结果，而先前全部的思维过程我却忘记了。所以，这就是为什么乍看起来这个结果好像是直觉一样。我认为，所有的直觉都应该这样来理解：人往往只记住了最终的结果，而没有把中间进行的和准备的全部思维过程算在结果之内。"①

我们认为，"忘记"这个词用在这里并不是很准确，因为问题并不是某件事情曾经留在记忆中，而后来又从记忆中消失，即忘记。问题在于这件事根本没有被记下，它还没有进入记忆的范围就从另外的渠道溜走了。不然的话，人们势必把那些易忘的、没有集中注意的、没有觉察的和从旁边溜走了的事情都视为直觉。我们所谈的完全是另一种情况，即在科学家的智力活动最重要和最紧张的时刻，也就是在发现诞生的一瞬间用直接推理的方法进行的过程。

这里必须引用上面已经引用过的例子。在周期律发现后不久，门捷列夫为了发表周期律而对它进行首次整理时，偶然发现可以把全部元素按照一种完全特殊的方式分成族，即每隔一个元素便分在两个栏中。第一栏是全部单原子元素，第二栏是全部双原子元素，这两栏中的原子量"行程"的差，得到的是同一个数值——4。同时，在第二栏中还发现三个空位：第一个空位在 Be 前面，第二个空位在 O 和 Mg 之间，第三个空

---

① 《巴甫洛夫选集》第 2 卷，第 227 页。

位在 S 和 Ca 之间。门捷列夫在这三个空位的边上打上了问号，因为在第一种情况下原子量的差似乎等于 6，而在另外两种情况下原子量的差等于 8。这就是说，与其他别的地方的差数比较，要大一倍。于是，门捷列夫假定在两栏单原子的元素之间（卤素和碱金属之间）应该还有一些未知的双原子元素 X：在 O = 16 和 Mg = 24 之间（换句话说，在 F = 19 和 Na = 23 之间）"缺少一个原子量等于 20 的元素"，而在 S = 32 和 Ca = 40 之间（也就是在 Cl = 35.5 和 K = 39 之间）"缺少一个原子量等于 38 的元素"。这就是日后所发现的 Ne 和 Ar。在 H = 1 和 Li = 7 之间（在 Be = 9.4 前面），门捷列夫假定摆上了一个分子 $H_2 = 2$，预见这里应该有一个尚未被发现的元素，按照性质来说应是与 H_2 很接近的，这就是日后发现的氦。当门捷列夫把这些未知的元素划归双原子元素一栏时，他还打算确定它们的原子价；从门捷列夫的日记中可以看到，它们的原子价似乎必须等于零。显然，这样的结论对于门捷列夫来说是极不愉快和难以相信的，因而他就没有继续进行这些计算。其实惰性气体的原子价正好等于零。而后来惰性气体构成元素周期系中的零族元素。

所有这些推理都是借助直觉才在门捷列夫的脑海中产生的，如同那个按原子量的大小来比较化学性不相似的元素的思想产生的情形。所以，虽然他把有关的计算结果记在了纸上，但是这些计算结果仍没有留在他的记忆中。虽然这很反常，却是事实！这就是为什么在 25 年之后在地球上发现了第一批惰性气体（早在 1868 年就在太阳的光谱中发现了氦，也就是周期律发现前一年）的同时也发现了它们的全部化学惰性（原子价为零）的时候，门捷列夫甚至都无法回忆起正是他本人在 25 年以前预言了原子量为 $H_2 = 2$ 和 $X = 38$（正如 $He = 4$ 和 $Ar = 39.9$）的元素的存在。甚至在那以后，当拉姆塞直接援引门捷列夫预言新元素的方法预言了在 $F = 19$ 和 $Na = 23$ 之间（沿水平方向）及在 $He = 4$ 和 $Ar = 40$ 之间（沿垂直方向）存在一个原子量等于 20 的元素（未来的 Ne）时，门捷列夫还是没想起来，他本人在周期律发现的最初的日子里，曾经用这个方法得出关于存在一个元素 X 的结论。这个元素 X 正好在同一个地方，有着同样的原子量。如果这个预言本来是在他记忆中的某个时刻记下，那么这样的预言要在他的记忆中完全消失是不可能的。即使是一时忘了，在门捷列夫讨论惰性气体的年代也一定会重新浮现。要知道，新元素开始时在系统中总是找不到自己的位置，系统的普遍性也因而遭到怀疑。

在这种情况下，只能设想事情是这样的：整个过程从把元素分别摆在两个栏里开始，到预言未知的元素的原子量为止，都是借助直觉进行的，尽管我们强调门捷列夫把这些都记在了纸上。

我们认为，这就是科学家对自己的创造性工作中最重要的情况即使有文字记录后来仍然无法正确和完整记起这些东西的原因。由此便产生了对科学家的资料草稿、本人的说明及其本人对这些材料的自我观察和自我分析可靠性的问题。

我们还可以举出一个特别显著的例子来证明这一点。凯库勒关于发现苯分子式的经过，有两种完全不同甚至直接矛盾的说法。根据他的第一种说法，有一次他乘马车经过伦敦街，看到一个笼子里装着被拴在一起的猴子。而根据他的另一种说法，他在梦中看见了一条正在吞吃自己尾巴的蛇（古代传说中的龙）。假如连科学家本人都公布这样如此不同的说法，那么研究者又何所适从呢！显然，这里必须像医生询问病人一样，对病人全部主观的诉说进行核实，但诊断不能建立在病人的主观陈述上，而应建立在病人身体的客观证据上。并非病人有意把医生引入歧途，而是病人不具有客观的判断标准，只有借助客观的判断标准才能确立真理。

第二种方法和第一种方法不同，主要是依靠分析文献档案。这种方法的出发点不是科学家本人的陈述，而是对保存在档案中的与这个发现有关的材料进行分析。这里并不需要收集不同时期由不同的科学家完成的各种资料，也无须对这些材料进行统计整理和归纳加工。当然，最好多收集一些发现的材料，而且越多越好。但是，主要的任务并不是收集各种发现的资料，而是能够较充分地分析这些资料，哪怕充分地分析它们其中的一件也好。当对两个或更多的发现进行这样的分析时，就可以对这些发现进行比较研究。要做到充分的比较分析，只有在拥有全部或几乎是全部涉及那个发现的原始材料的条件下才有可能。如果只有零星的或片段的材料，特别是这些材料还停留在历史趣闻的阶段且缺乏可靠性，分析是不可能进行的。

恩格斯针对卡诺的发现所说的那些话，完全适用于上述情况。在《归纳和分析》这份手稿中，恩格斯写道："在热力学中，有一个令人信服的例子，可以说明归纳法无权要求成为科学发现唯一的或占统治地位的形式：蒸汽机已经最令人信服地证明，我们可以加进热而获得机械运动。十万部蒸汽机并不比一部蒸汽机能更多地证明这一点，它们只是越来越迫使物理学家们不得不去解释这一情况。萨迪·卡诺是第一个认真研究这个问题的人，但是他没有用归纳法。他研究了蒸汽机，分析了它，发现蒸汽机中的基本过程并不是以纯粹的形式出现，而是被各种各样的次要过程掩盖住了；于是他撇开了这些对主要过程无关紧要的次要情况而设计了一部理想的蒸汽机（或煤气机）……它表现纯粹的、独立的、真正的过程。"①

这里，恩格斯清楚地阐明了科学发现的两种方法之间的差别，这两种方法我们称为统计法和分析法。在研究科学发现自身的历史时，也有类似方法，用来代替对发现的大量材料的收集，我们认为最重要和最有效的方法是先进行全面或尽可能全面的分析，哪怕只分析其中一个发现也好。这样分析的目的在于显示发现的规律性、发现的普遍进程和结果。

有四组事实可以作为必须加以分析的原始资料。第一组事实是发现者宣布发现的报道；第二组事实是发现的证人和其他一些人的旁证，他们记忆中有关于发现的这样或那样的资料，其中有些人保留了他们在当时从发现者那里得来的资料；第三组事实是保存在发现者个人档案中或者是保存在其他地方的手写的文献，这些文献反映了发现准备的各个不同的时期，特别是反映了完成发现的过程；第四组事实是发现者发表的成果，这些成果是被逻辑总结的，摆脱了全部独特的和个体的影响。伴随着发现一起产生的某种主观的因素作为某个非本质的、次要的、掩盖所要寻找的真理的本质的东西被消除掉。

研究者的任务在于将所有史料连成一个整体，使它们取得内部的协调一致，清除史料中不真实的、妨碍人们正确理解科学创造的真实过程的内容。

---

①　恩格斯：《自然辩证法》，第 206～207 页。

在和圣彼得堡的门捷列夫档案馆工作人员的合作中，我们也采用了类似的分析方法，分析的部分结果已经以论文形式发表。显然，这则材料对于心理学家来说还是有益的，因为在以后的研究著作中有很多人引证我们的文章。① 卢宾斯坦是对这篇文章首先做出反应的人之一，他在自己的著作中就该问题用附录《论科学家在科学创造中的思维过程》阐明。② 波诺马列夫在阐述行为直接的（自觉）和次要的（不自觉）产物的概念时引用了我们的文章。③

斯拉芙斯卡娅在引证我们那篇文章时写道："对于心理学家来说，在这个研究中感兴趣的是几个伴随着发现同时产生的情况，如门捷列夫在做出发现的时刻处在'急着'的状态，他必须做出巨大而顽强的努力，等等。但是，这些因素都还不足以说明科学家的思维机制。卢宾斯坦利用这则研究材料，对这一科学发现做了一个特殊的心理学分析，同时确认了思维运动的某些环节和阶段。这些环节和阶段无论是对于科学家的思维来说还是对于普通人的思维来说都是成立的。这些资料很快被用于证明早就在普通的日常思维中被揭示的同样也产生于科学家思维中的思想活动的某些机制。因此，卢宾斯坦所做的心理学分析证明，科学家的思维是个别情况，是任何人的思维所固有的普遍规律性的一种表现。"④

我们希望最好能够继续发展这个想法，以便更详细地研究门捷列夫周期律发现的心理学机制。但是在陈述这个问题之

---

① 凯德洛夫：《论科学创造的心理学问题》，第 91 页。

② 卢宾斯坦：《论思维及其研究途径》，第 139 页。

③ 波诺马列夫：《创造思维的心理学》，第 131 页。

④ 斯拉芙斯卡娅：《意识的作用》，莫斯科，1960，第 15 页。

前，我们还得说一下，上述论文被译成英文，以《苏联心理学》① 为题刊载在美国的一家杂志上。文章是由喀尔涅德日工学院的沙伊蒙翻译的。杂志主编在为文章写前言的时候，表达了对译者沙伊蒙教授的感谢："因为他把我们的注意力引向这篇宝贵的论文，虽然论文已经发表 10 年，但今天同样值得注意。"②

完整地引证译者的前言是有益的，因为这个前言证明了国外的心理学家是如何重视我们所完成的工作的。虽然我们也完全知道，我们文章的重要性与其说是在于我们对于科学创造的心理学的特殊性的研究，不如说是在于所刊登的那份真正的独一无二的材料。这个材料是由我们收集、译读并将其置于一个内部联系之中的。这一切不但能帮助我们复原 1869 年 3 月 1 日科学创造的过程，而且也能帮助我们把门捷列夫在深化及发展自己发现时所做的整理和概括工作恢复本来面貌。

沙伊蒙在前言中说："凯德洛夫的论文对于研究解决问题和研究创造问题来说意义重大，特别是这篇文章包含了独一无二的资料。门捷列夫元素周期律的发现是 19 世纪化学界最卓越的成就之一。保存在列宁格勒大学档案馆的门捷列夫的笔记本和草稿，包含这个发现最关键时期的详细总结。从这些资料中我们可以获取科学发现所经历的各个阶段的一些宝贵信息，还可以获得在这些阶段中科学发现在内容和形式上都不断得到完善的信息。"

要理解这些阶段的每一个详情，必须具备一定的化学知识。为了更好地理解我们的叙述，读者在初级化学教科书或韦

---

① 《苏联哲学》1966/1977 年第 2 期，第 18 页。
② 《苏联哲学》1996/1977 年第 2 期，第 16 页。

氏百科辞典中找一份元素周期表即可。

在门捷列夫完成自己的发现的时候，原子量的概念虽然形成不久，但已牢固确立，而且已经知道一般元素的大部分原子量。

当时化学元素常常被分成若干个组来进行研究，各组的全部成员均具有相似的化学性质：具有和其他元素相似的化合物、具有相类似的化学反应等。原子价是组内化学元素共同的最重要的性质之一，一个元素的原子价是确定组中的一个原子能够与其组成化合物的其他元素特有的原子数目。在元素周期系的现代形式中，包含在同一组里的化学元素仍被放在同一栏中。现在的元素周期表，共有九个基本的族，分别用数字 0 到 8 来表示。这样，按照各族元素的原子量增长次序的排列方法，就是元素周期系的基础。正像我们在文章中所说的那样："这个结构的发现，现在看起来是那样的'一目了然'，实际上却是非常重要而又十分困难的一步。"

另外，为标记化学元素而采用的各种化学元素的符号，与我们今天采用的相同。我们要经常记住三族元素：卤族元素（现代表中第七列）、碱金属族（现代表中第一列）以及碱土金属族（现代表中第二列）。化学家们通常把第六族和第七族叫作非金属元素，而把第一族和第二族叫作金属元素。

现在我们所知道的化学元素，在门捷列夫造表的时候还没有全部（全部还不到 92 个自然元素）被发现，其中包括曾被门捷列夫预言的惰性气体（如氩和氖），现在它们已构成了零族，而这些元素直到周期表问世 20 年后才被发现。本章引用的化学史上的其他材料，借助被研究的化学元素在周期表中所处的位置，易于得到彻底的研究。

只有一个化学术语"急着"是应该解释一下的，它与其说是化学术语，倒不如说是从象棋比赛中借用的术语，是一个未经翻译而直接引用过来的德文的象棋术语，意思为"没有足够时间"。在正式的象棋比赛中，包括循环赛，比赛的双方在下棋时都受一定时间的限制。如规定每人一小时之内必须走20步，如果时间快到了，比赛者也只能在很短的时间内走完规定的步数，这时候比赛者处在"急着"的状态。比赛者处于困境时，往往需要更多的时间，以便能找到一步好棋，这样反而使他常常落到"急着"的处境。一些伟大的象棋大师，如拉斯凯尔，就是以能在"急着"的状态下敏锐地使出高招而闻名于世。

下面我们将从两个方面来研究周期律的发现。按时间的先后顺序来研究，从科学家的科学研究思想的运动速度的极度增长（加速工作）方面来说，这个发现是当时整个创造过程的浓缩；从周期律包含的内容方面来说，这个发现是科学家在通往真理的道路上对认识和心理学障碍的克服。

第二节　时间中的极点

门捷列夫定律的发现，表现为认识渐进性的中断和飞跃，表现为创造过程的极度浓缩。人类认识发展史上的任何科学发现都是这样的飞跃。为了使这一点变得更加显而易见，我们在门捷列夫周期律发现的准备阶段的历史中，在元素周期律后来不断完善的历史中挑选出一些重要的阶段来加以研究。还在门捷列夫之前很久，他的一些先辈就以其著作开始为定律的发现做准备，然后才是门捷列夫本人对那个已经有了准备的发现继续进行研究。在周期律发现之后的一系列研究中，情况也正好完全类似，开始进行的是门捷列夫的工作，在这之后便是其同时代的人，而在门捷列夫逝世之后是其继承者。

严格来说，长期的准备工作是从拉瓦锡引用与现有的元素相一致的"化学元素"概念的那个时候开始的。他是在推翻了"燃素说"的错误理论之后才建立"化学元素"概念的，他还编制了第一张元素的物质表。如果认为门捷列夫探索元素之间相互关系的第一步工作（对同晶现象的研究）是从1854年开始的话，那么在这之前大约已准备了70~75年。而如果从新的化学元素的第一个族的发现算起的话（气体元素以及铁的伴生物），时间还要更长。这样"门捷列夫之前"的准备阶段大约有100年。

第二阶段——门捷列夫阶段，大约52年。这个阶段开始于门捷列夫的第一份工作。在这一工作中，他着手揭示"事情的第一个侧面"（同晶现象），然后开始研究比容——"事情的第二个侧面"，而他的极限理论，联系着"事情的第三个侧面"，最后他才开始研究元素的原子量和它们之间的相互关系——"事情的第四个侧面"。这四个侧面被作为通往发现的"要冲"提出。可以认为，从遥远的过去逐步接近，一直持续到1867年秋季，这时门捷列夫已成为圣彼得堡大学的化学教授。当时他正在着手编写讲授无机化学的讲义，每次讲演的速记便成了《化学原理》一书的基本内容。

后来，门捷列夫回忆这些讲义是怎样产生的时候说，复活节后他在大学里开始讲授无机化学。他查遍所有的书，都未能找到一本适合推荐给大学生读的。很多朋友都劝他动手写书，如弗洛林斯基、勃罗金。"一共写了四卷，里面有很多小的独创之处，但是主要的内容是在整理《化学原理》过程中发现的元素周期性。"①

我们看到，在向周期律逼近的时候，科学走了多么漫长的道路。为了这个发现，很早之前就准备好了必要的先决条件：发现了化学元素（这些元素在以后被系统化）；提出了化学"元素"的科学概念；发现了化学计算法的基本规律；引入了原子量的概念；发现了同晶现象；提出了元素的原子价概念；弄清了元素的三素族，以及元素的自然组和元素族等。这些工作都是在门捷列夫最初的工作之前完成的。就是到了这个时候，通往周期律发现的道路仍然不是笔直的，准备工作仍在长期而缓慢地进行着。

这时候，未来的发现者登上了舞台，但他最初的工作还只是从四个不同的侧面逐步逼近发现。之后，过程便加快了，大约在一年半的时间里，《化学原理》第2卷已首次写成（到1868年底）。相比于13年前的第一批著作（1854～1867）门捷列夫更接近定律的发现。

《化学原理》第一部（第1卷和第2卷）主要讲述化学的一般问题，只是在第2卷末尾才开始转到对单独的元素组的阐述，并且一开始就写上了卤素。第二篇从碱金属开始，这样碱金属便被放到卤素之后。门捷列夫在这项工作上花了一个半月（1869年初到1869年2月底），写完了第三卷关于碱金属的最初几章之后（第二部），他打算用10～12天的时间前往特维

① 《门捷列夫档案》第1卷，1951，第52、53页。

尔省视察干酪制造厂，有一个想法总是使他反复思索：讲完碱金属以后应该接着讲哪一组的元素？如果继续遵循原子价的原则，那么在单原子的元素（卤素和碱金属元素）后面应该接着讲那些表现既像单原子又像双原子的元素（铜、银和汞），然后才是讲双原子的元素——碱土金属、镁、锌和镉（金属元素），最后是硫族元素（非金属），但也可能由碱金属立刻过渡到碱土金属。这些碱土金属的元素按照自己的化学性质应该直接排在碱金属的后面。显然，某种内心的主张提醒了门捷列夫并使他做出了第二个决定。同时，书的写作必须继续下去，这就是说，必须精确地规定这些材料的叙述顺序。

在举棋不定的情况下，时间来到了1869年3月1日。可以假定，从这一天一大早到起程出发，门捷列夫一直在思考这个问题。一个关键想法突然在他的脑海中闪现，即不应按元素的原子价比较不同组的元素，而应按元素原子量的大小来比较它们。他随手就在一张小纸片上紧挨着氯写下了钾。要知道，这两个元素虽然在化学性质上完全相反，可是按照原子量的大小来说它们又是那样接近，完全可以直接地使它们彼此靠近：$Cl = 35.5$ 和 $K = 39.1$。在这个基础上很快就弄清了按原子量的大小什么样的元素才能紧跟在碱金属的后面，就好比卤素在碱金属的前面一样。这个组，正是碱土金属，因为在 $K = 39.1$ 之后接 $Ca = 40$，在 $Rb = 85.4$ 之后接 $Sr = 87.6$，在 $Cs = 133$ 之后接 $Ba = 137$。答案终于找到。门捷列夫开始的时候只不过是从"讲完了碱金属该接着讲什么元素"这一非常实际的问题出发，却出乎意料地促成了一个新的自然定律的发现，为这个看来似乎是局部性问题的解决奠定了基础。

实际上，他触及了人们所不知道的自然界的某个定律，但是这一点还需要证明。为了证明这一点，就应该做一下检查：已经被揭示的这"一小块"联系的规律性能够推广适用于全部元素吗？这实际上意味着要利用已被找到的秘诀来力图把所有的元素编制成一张表，换句话说，按照所有元素组成员的原子量大小来比较所有的元素组。门捷列夫很快就着手完成这件事，并且为这件事用去了这一天所剩下的全部时间。

请想想，按照原子量的大小来比较不同组的元素的想法，像闪电一样几乎在瞬间产生于门捷列夫的脑海之中，以它夺目的光辉照亮了门捷列夫久久思索的那个复杂问题。当然，思想在时间上也有一定的延续性，虽然很短，如零点几秒。物理学家已经能够测量出那些在几乎不能测量的、非常短暂的时间间隔中生存的粒子的寿命，如果心理学家和物理学家一样也能测量"思想产生的时间"的话，那么我们立刻能说出某个念头诞生过程的那段实际的时间，也就可以确定那天早上门捷列夫头脑中的那个思想诞生所用的时间了。但是，当时还做不到这一点。无论我们乐意与否，我们都只能用零点几秒来判断这一瞬间的长度。

这个决定性的思想产生以后，科学家的工作反而立刻慢了下来。为了实现这一思想，开始只需要几个小时，而后需要几天和几个月，最后则需要几年或几十年。发展似乎在一个相反的顺序中进行，最初创造过程的一个发展阶段向下一个发展阶段过渡的期限被一次又一次地缩短，整个过程加快，一直到产生决定性思想的那个关键时刻。就这样，创造过程达到了极点（就这一过程在时间上的浓缩而言）。之后的过程是在相反的顺序中进行，为了给发现找到一个初步的表现形式，门捷列夫仅需要几个小时（到这天结束），而为了准备第一份对发现做出解释的详细文本就得花上 10 天。只有在这项工作完成（大约到 1869 年 3 月 13 日）之后，门捷列夫才能够出发前往干酪制造厂。

稍后，门捷列夫便开始着手准备在俄国自然科学家第二次例行代表大会上做关于元素周期律的报告。代表大会定于 1869 年 8 月在莫斯科举行。大约在 7 月或稍早一些时候，他着手研究元素的原子体积和原子量之间的相互依赖关系。他在代表大会上报告了此项研究的成果。

这次代表大会成了周期律进一步研究工作的开端。同年 10 月，门捷列夫发现一些元素的最高成盐氧化物的组成也是受周期律制约的。《化学原理》第 3 卷的写作工作也在齐头并进，在 1870 年开始写第 4 卷（最后一卷）。全部工作持续到 1871 年 12 月中旬——从周期律的发现算起，到 1871 年 12 月止，大约用了 3 年的时间。

1871 年 12 月，门捷列夫出乎意料地改变了自己科学研究工作的总方向，他非常突然地转向对十分稀薄的气体的研究。但在这之后直至他生命最后 35 年的时间里，他仍然经常关注周期律，这在多次再版的《化学原理》（他生前的最后一版于 1906 年出版）及其在一些专门论述周期律的著作（如法拉第讲座、百科辞典中的论文和其他一些著作等）中反映出来。

门捷列夫去世后，对周期律的研究又持续了 60 多年。这段时间可以说是周期律发展史上"门捷列夫之后"的阶段。

我们试用图表形式呈现。图 17 中纵坐标轴的长度代表发现的完成和发现的一系列研究工作及这种或那种准备阶段，横坐标轴表示每个阶段时间的先后日期。为绘制图表方便起见，我们采用的不是时间间隔，而是它们的对数。对于创造过程

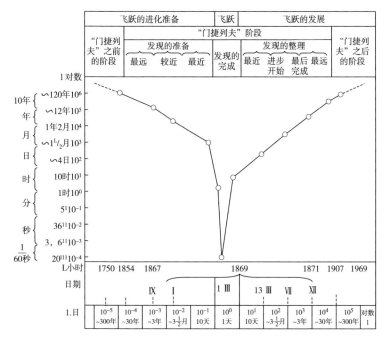

图 17　科学发现的时间极点及在科学认识发展中的飞跃曲线

（用纵轴表示的）采用小时作为时间单位，而对于按时间顺序
排列的事件（用横轴表示的）则用一天或一昼夜来作为时间
单位。为了便于直观，在纵轴的左边附上了人们通常的计时单
位，从 10 年到 1/60 秒。这个科学发现的图表，不但呈现出做
出发现的科学家的研究思想在发展中的飞跃，而且表现了整个
科学在发展中的飞跃，这一发现仍是以往进化（定量的）发
展的渐进性的中断。左边那条下降的并直接延伸到那个飞跃点
的陡峭的曲线，反映了发现的进化准备阶段。而发现本身作为
革命的转折阶段，标志着以往的进化发展的终止和往后运动的
开始。这个往后的运动就是指对已完成的发现继续研究，它越

来越明显地转变为进化的发展（表现为右边那条急剧上升的曲线）。

如果只从这一发现出发，同时只把它与科学运动的整个过程进行比较，便会出现下面的情况：作为实现发现的关键时刻的那一个飞跃，表现为一个特殊的转折点（或者用 H. C. 库日纳科夫的术语说，叫作奇点）。发现前的进化准备的那条曲线急剧地下降到这一点，将发现彻底完成和向以后的进化运动过渡而进一步工作的思想曲线，也同样陡峭地由这一点开始上升。但是不能忘记，按时间来说，作为周期律发现的那个飞跃，占用了门捷列夫几乎三年的时间，整个这段时间和最后的那个时期一样（大约直到 19 世纪 80 年代，也就是说直到周期律在科学中得到最终确认）都属于飞跃的阶段。

如果飞跃只是意味着思想上的突然冲刺的话（它常被说成是顿悟、豁然开朗、灵感、上帝的感召、神的启示等），那么这个思想冲刺所占的时间大概不多于几十分之一秒。

在门捷列夫发现周期律这一具体情况中，我们之所以能够得到有关飞跃的时间长度特征的结论，是因为我们将 1869 年 3 月 1 日门捷列夫思想完成的整个工作联合成一个阶段，划给这个阶段的时间是几个小时。同时，在对这几个小时进行详细分析的时候，就会发现其中还有一些更小的飞跃。每一个小的飞跃在发现的研究中引起新的转折的时候，仅仅用了几十分之一秒的时间。为了证明这一点，我们着手整理有关发现这一天的档案文献及证据的记载。我们将这些有关的材料一一编号，以便以后用它们来引证。

如果不计门捷列夫本人提供的证词的话，我们现在有五份这样的文献和两份证明材料。三份文献上注有发现的日期，另外两份文献本身虽没有标明日期，但按其内容当和另外有日期的三份文献是紧密相连的，因而完全可以给它们注上同一日期。

我们把这些文献列举如下。

第1号文献，写在霍德涅夫（注明了日期的）来信背面的第一组科学推论（图14）。这封信的内容是询问有关门捷列夫去干酪制造厂的事情。

第2号文献，两张不完整的元素表（图15），这两张表同样被写在注有日期的纸片上。

第3号文献，原子量表（图1），写在第一版《化学原理》页边上，对着这张表后来贴上方才所讲过的那张纸片。

第4号文献，一份完整的元素表草稿（图22），这上面有很多原子量的修正值，有些元素被改了又改。这份文献表明，化学牌卦已基本形成。

第5号文献，也是最后一份文献，是属于发现那一天的，是一份为了寄到印刷厂付印而被整齐抄写的一份完整元素表（图29）。

证明一：第一个信息是伊诺斯特兰采夫在定律发现那天拜访门捷列夫的情况。当时他正好碰上站在办公室门口心情沮丧的门捷列夫，门捷列夫这样回答他提出的问题：“我几乎考虑过一切编排的方法，但我仍然无法编成一张表。”

证明二：伊诺斯特兰采夫提供的第二个信息。不久后他听说了一个有关门捷列夫的故事。故事说，门捷列夫在极度疲劳的时候便躺在沙发上休息一会儿，没想到马上便睡着了。他说：“我在梦中见到一张元素表，表上的元素正像所需要的那样已被排好了。醒来，我立刻把梦中所见的记在纸上，只有一个地方后来做过必要的修改。”

我们确定，只有第 5 号文献才是那张"元素正像所需要的那样已被排好"的表（这张表是按照元素的原子量的增加来编排的，而不是像我们上面所讲过的那些表那样，按原子量的减少来排列），而且这张表里"只有一个地方后来做过必要的修改"（预言中的类氢"？＝8"和类铜"？＝22"被勾掉了）。

显然，门捷列夫得到初步的结果（第 1 号文献）之后便借助归纳法找到了全部发现的关键。然后，他立即试图编制一张元素表，但是由于任务的艰巨性和紊乱性，他只编出了两张不完整的表，而不能进一步完善这两张表（第 2 号文献），绝大部分元素不能立刻在表中找到自己的位置。为了给元素找到位置，就不得不一次又一次地重抄这张表。在"急着"的条件下，这严重阻碍了对发现的深入研究。在还没有找到减轻工作量的办法的时候，门捷列夫忧虑而沮丧地站在自己的办公室门口（证明一）。在伊诺斯特兰采夫离开他之后，他产生了一个付诸牌卦的念头，于是马上动手制作了 64 张化学纸牌。定性的化学资料（化学性质、自然界的产地等）已被包括进化学元素表中了，这张表收在《化学原理》的第一版中，但是在这张表上并没有决定性意义的资料——原子量。而门捷列夫却把原子量写在上述那本书的页边上（第 3 号文献）。牌卦的第五步都被记在一张纸上（第 4 号文献）；摆牌卦的工作在紧张地进行了几个小时之后就结束了。牌是按照原子量减少的次序排在牌卦的栏（纵行）中的。而在梦里门捷列夫所看到的那张表，里面元素是按相反次序即按原子量的增加来排列的，也就是"像所需要"的那样来排的（证明二）。门捷列夫醒来之后，他马上将梦见的这张表（第 5 号文献）记了下来；在校对的时候，他在表中做了一个修正，从已写成的 H ~ Cu 行中，勾去了被错放进去的类氢和类铜（证明二）。

同样，我们可以假定，如同按原子量来比较 Cl 和 K 的原始想法实际上是怎样在一瞬间（几十分之一秒）产生的（第 1 号文献）情况，在编制了两张不完整的初表之后（第 2 号文献），他迅速产生了由被记在表里的元素向牌卦过渡的思想（在证明一与第 3 号文献的间隔之中）。摆完牌卦后，按相反的次序重新写过的表的样子，可能在门捷列夫的梦中一闪而过（证明二）。编制表和重新抄写占去了他几个小时的时间（应该记住：整个发现才用了一天的时间，因而按阶段分有 10～15 小时）。

我们来统计一下发现的每个阶段各用去的时间。

第一阶段，从发现的那天早上到收到霍德涅夫来信这段时间，门捷列夫在考虑怎样继续写作《化学原理》一书的问题，用了 1～2 个小时。第二阶段（紧接在门捷列夫在一瞬间找到发现的关键之后），显然用了几十分钟的时间（第 1 号文献）；用来编制两张不完整的表要花一个小时或稍长一点儿的时间（第 2 号文献）。牌卦的想法同样是产生于一瞬间；编制化学牌卦大约用了一个小时或者多一点儿的时间（第 3 号文献）。而用在摆牌卦本身的时间最少也得几个小时，考虑到各种情况，这个时间不会少于 4～5 个小时（第 4 号文献）。梦可能是一闪而过的，而把那张预先准备好的表重新抄一遍所用的时间不会多于一个小时（第 5 号文献）。

能够分配在各个阶段上的时间当然是极为相对的，可以图示表明整个发现过程。我们把第 1 号文献和第 2 号文献中所反映的阶段连在一起，同样地把在第 3 号文献和第 4 号文献中反映的阶段也连在一起。门捷列夫在 3 月 1 日完成的发现，对于科学思想以往的全部进化准备阶段及其后来的全部发展来说都是巨大的飞跃。这个巨大的飞跃本身却是由一些更小的飞跃组成的：第一，找到发现的关键（第 1 号文献）；第二，在第 2 号文献和第 3 号文献之间产生的牌卦的思想；第三，在梦中看到的整齐的表（在第 4 号文献和第 5 号文献之间）。

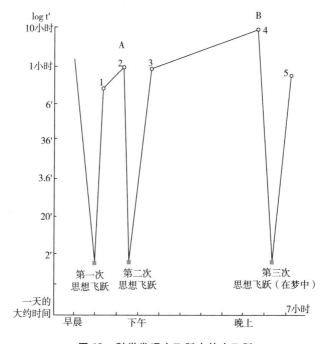

图 18　科学发现大飞跃中的小飞跃

可以证明，在每一个这样的小飞跃中，还存在一系列更小的飞跃，如在摆布牌卦的时候（第 4 号文献）和编制两张不完整表的时候（第 2 号文献）。这些更小的飞跃是：解决铍的原子量问题（为了寻找解决这个问题的原则用了几十分之一秒的时间），关于在表的空位上存在未知元素的思想的产生，解决超出表的界限之外的三个族所有成员的问题（铁族、钯族、铂族，最后还是把它们接在基本表上），在表之外摆布那七个很少被研究的元素，等等。

如果我们把这些实现于大飞跃（指整个发现）之中的小飞跃都放进图18中，那么总的图表就会被划分得更详细。这张图表就会获得一种锯齿状的不规则的曲线形式，图中的大齿由许许多多的小齿叠加而成，而那些小齿由更加微小的小齿叠加起来。所以我们有充分的根据说，恩格斯关于自然界的论断是完全正确的："这些中间环节只是证明：自然界中没有飞跃，正是因为自然界自身完全由飞跃所组成。"① 自然界的特征是这样，人类对它的认识过程的特征也是这样。正如恩格斯所说，主观辩证法是客观辩证法的反映。以后，当我们把科学发现当作飞跃来讲的时候，我们将引入两个有关它的认识论与心理学特征的概念：障碍和跳板。

第三节　克服障碍

要弄清科学发现的心理学机制，就要树立这样的观点：在科学发现的关头，发现好像是通过冲破某个阻碍着科学家看到事实真相的认识论与心理学上的障碍实现的，所以飞跃（任何科学发现都是飞跃）在我们面前是作为对这个障碍的克服表现出来的（图19）。

如果说到自然界的新定律的发现，可以把它准备和发现

————————

① 恩格斯：《自然辩证法》，第248页。

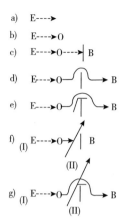

图 19　通过克服障碍发现规律（普遍性）的心理学机制

的历史分成三个主要的阶段。第一个阶段，找到了对个别的物体的性质和特征的解释。这一点可以通过纯经验的观察或者通过对一些个别的事实的鉴定来实现。这是一个很长的时期，直到 18 世纪中叶为止。在这个时期里，发现了一些化学元素、元素的化合物和性质。我们用字母 E 来表示这个时期（图 19 - a）。

　　第二个阶段揭示了元素特殊的或成小组的性质。这个性质把元素联合在一些特殊的组或族里。这一点是在经验探索和发现新的元素过程中发生的。现在，这些新的元素再也不是单独的彼此之间没有任何联系的元素，而是在它们成小组的基础上整族整族地联系的元素。例如，18 世纪下半叶，发现了一些气体元素（H_2、O_2、N_2 以及 Cl_2），比这稍早，在铁的自然矿产地发现了铁的伴生物。从 19 世纪开始，许多新的元素已同往常一样，借助于新的物理化学的分析方法（电解、光谱分析、混合物的蒸馏分析等）被整族整族地发现，而且也和以前一样根据自然物体内共同存在的特性来分族。

　　新的元素连在一起（成组的）被发现本身就说明了一种思想：这些新元素组成了自然组，把彼此非常相似的（完全相似性）元素联合起来。这些组也可以通过对早先按照一些个别的发现和研究收集到的事实进行归纳加工而成。在这里，培根的归纳法——完全归纳法和不完全归纳法被广泛应用。换句话说，根据某些元素（碱金属、碱土金属、卤素等）的共同特征（某些化学性质的共性），可以把那些彼此明显独立又和其他组完全不同的元素联合到一些特殊的组里，结果当时所有的已知元素被分成很多个自然组。

　　在图 19 - b 中，虚线的箭头表示由单个（由个别的事实）向特殊（用字母 O 标记）的过渡，这个过渡是以归纳的方式实现的（事实的归纳总结）。

　　在第二个阶段，化学家的思维运动停留的时间，要比认识研究客体的个别性和特殊性（对化学元素的研究）需要的时间长得多。根据特殊性来对化学元素进行分组及分类的做法渐渐变成一种习惯和牢固的传统。结果，这种习惯和传统挡住了科学家的思路，因而使他认识不到它的下一阶段——对普遍性或规律的认识（用字母 B 来代表这一认识过程）。形象地说，在认识由 O 发展到 B 的路上，科学家的意识中仿佛产生了一种认识论与心理学上的障碍。如一些科学家的思维运动开始时是向 B 的方向进行的，但这个运动由于碰上自己认识中的障碍，无法达到预期的结果，便在半路上停止了思维的运动。

　　在图 19 - c 中，黑色的垂直线代表通往 B 的道路上的障

碍，而虚线的箭头表明，在这个阶段，运动还是前面运动
（归纳的）的简单继续，所以这个运动克服了自己前进道路上
的障碍。况且有的人根本没有想到这里有某个障碍，更想不到
这个障碍的后面就是未被认识的自然规律 B，所以思维运动就
不具有应有的方向性和目的性，只是力图找到一张可包罗所有
已知元素组的表便简单了事。

但是，新定律的真正揭示者或迟或早都会借助直觉（但无
论怎样都不会借助早已采用过的归纳法）找到对付这个障碍的
方法，或者迂回或者跃过这个障碍，开辟一条由 O 到 B 的道路，
换言之，去发现 B。障碍的克服发生在这样的时刻：门捷列夫
产生了一个基本的想法，即按照原子量的大小来比较那些在化
学关系上彼此很不相似的元素——Cl 和 K。这个时刻由图 19 - d
来表示。在图 19 - d 中，表示思维运动的线急剧升高，从上方
绕过障碍而直指向 B。为了反映这里用直觉来代替归纳法，我
们用了一条实线，以区别反映归纳法结果的虚线。

但是，需要自我克服的障碍存在，这还不是科学发现的心
理学机制的全部内容。可惜的是，我们一点都不知道究竟是什
么东西提醒了门捷列夫，使他产生了将 Cl 和 K 摆在一起比较
的念头。霍德涅夫来信背面被记下来的只是这个事实。而在很
多其他科学发现中科学家们往往谈道，是什么东西推动他们发
现了解决那个一直还没有解决的问题的窍门的。一般来说，那
都是些偶然的外部事件，这些事件和未知的答案有某种类似，
但只是表面上的相似，而且完全出乎发现者的意料，于是这个
相似性就在他的头脑中引起了必要的联想。

好像突然不知从什么地方传来了某个人的声音，提示做出
所需要的决定。这样的提示仿佛是一个特殊的跳板，给这个思

维指点了所需要的方向，以帮助科学家克服思维道路上的障碍
（图 19 – e）。

　　现在，科学发现的心理学机制已被详尽地弄清。如果我们
既不知道也不能推测是什么东西促使门捷列夫采用比较 Cl 和
K 的方法，那么门捷列夫的思想由第 2 号文献向第 3 号文献和
第 4 号文献转变（向化学牌卦的转变）的理由可以解释如下：
门捷列夫的桌子上摆着一副纸牌，而当他寻找比如说一张白纸
片的时候，他可能看到了那副纸牌，或者触景生情，想起自己
在疲劳的时候借摆牌卦休息，使心情轻松一下的习惯。例如，
卢梭总是随身带一副牌，甚至在散步的时候也是如此，因为他
有一种把自己的想法记在牌上的习惯。很可能，门捷列夫也有
这个习惯，在碰到某一棘手的问题时，通常用洗牌来排忧解
难。不管怎样，一个类似的跳板被他很自然地想到。而现在重
要的是我们能确定这样的事实：当确信已不能再在纸上继续编
制表（第 2 号文献）而又没有找到最终能促成发现的更合适
办法的时候，门捷列夫可能确实想起了牌卦或者说一向是借助
摆牌卦来思考问题。

　　在很多科学发现的历史上，跳板在科学家和发明家的思维
中起着比门捷列夫的牌卦更重要的作用。但是在所有情况下心
理学的机制只有一个：发明家的思维投入寻找谜底的紧张活动
中，正在这个关头，某个外部的、偶然的过程从半路插了进
来，破坏了思维的原先进程，而又突然为思维指出了通向未知
答案的方向。

　　为了结束对科学发现的心理机制的分析，必须弄清楚
（即使是在形式上也好）在发现的决定性时刻这个跳板是怎样
产生的。答案是：把两则只有表面关系的事例进行对比。一例

（事件）是发明家的思维由 O 向 B 的运动，这个运动由于存在障碍停在了半路，这一例用数字（Ⅰ）来表示；另一例（事件）是不同于科学家思维运动的另一些事件，我们用数字（Ⅱ）来表示。例如，那样的事件完全是一件小事。好像在紧要关头科学家意外地看到一副牌；又好像一只蜘蛛贴在发明家的脸上，提示了一个建造悬桥的原理；还好像牛顿的苹果落地；等等。这两个完全不相干的事件似乎正好与第一例在这一点上交叉，即在未被克服的障碍前，在思维运动停止的地方相交（图 19 – f）。就在这两个互不相干事件发生交叉的时刻，第二例在转变为提示科学家解决全部问题的答案的跳板时，把第一例吸引到了自己身边，一起越过了障碍（图 19 – g）。

因此，继库日诺和普列汉诺夫之后，我们可以说，在两个互不相干的必然的事件的交叉点上产生了偶然性。从被我们揭示的心理学机制的观点看，科学发现正是那个偶然性，而这个偶然性的背后隐藏着必然性。

在"障碍"和"跳板"这两个概念中表示出来的最重要的东西，在我们看来是可以理解和反映科学发现的心理学机制的，其中当然也包括门捷列夫的发现的心理学机制。

在文学作品中也有原则上类似于心理学机制的生动的描写。例如，契诃夫的小说《马姓》，描写的就是一个人见到熟人的时候两类不相关的事件在这个人头脑中的交叉，熟人见面的时候向他提出庸俗的卖麦子的问题。这个例子证明心理学机制的作用范围并不仅限于科学创造领域，而且包括人类最一般的日常情况。

当某些文学家和批评家试图嘲笑门捷列夫说的这些话，门捷列夫谈道，从心理学的观点来看，探索自然界新的联系（科学的发现）和采蘑菇（最平常的事例）之间有着某种共同的东西——无论是前者还是后者，都必须通过实践，需要亲眼看一看，亲口尝一尝。这就是门捷列夫关于周期律的发现研究的有关思想要比卢宾斯坦高出一筹之所在。关于这一点（早在卢宾斯坦在世的时候），我们已经说过。[①]

图 20　门捷列娃·库兹米娜和库德里亚夫采娃在博物馆
工作的情形（背景是雅罗申科画的门捷列夫肖像）

[①]　凯德洛夫：《关于门捷列夫周期律的第一批著作的哲学分析》，莫斯科，1959，第 285～290 页。

三 往事的重演

第八章　寻找和收获

门捷列夫排布过某种牌卦之类的东西，这件事最初是从《化学原理》最后一版中知道的。费尔斯曼称这个牌卦为"化学牌卦"。但是怎样才能知道这副不寻常的牌卦的细节呢？而且一般来说，能够做到这一点吗？要知道从那时到现在已经过了那么多年，除了在《化学原理》中有一个简短的证据外没有任何其他资料。再说，伊诺斯特兰采夫提供的为数不多的证据也没有留下。但是，看起来问题还不是那样令人绝望，以致无法得到解决。

为了寻求这个问题的答案，至少需要三个条件：第一，必须找到在发现周期律那天门捷列夫留下的记录，这些记录能够帮助我们恢复在排列牌卦时他的思路进程；第二，必须采取一个办法，把这些能够揭示进程的思路和内容的记录判读出来；第三，并非不重要而是更加困难的一点是想出一种方法，把找到的那些记录按其前后次序联系起来。

假如这三个条件都得到满足，那么发现周期律时门捷列夫思路的进程是可以被重现的，哪怕在大体上重现也好。

第一节　主要的收获

在列宁格勒大学前厅入口处，左边有一个门，门上挂着一个牌子"Д. И. 门捷列夫办公室"。这个入口通往门捷列夫在圣彼得堡大学的故居。门捷列夫在这里生活了 20 多年，正是在这里发现了元素周期律，现在这里被作为门捷列夫博物馆兼档案馆。1920 年的那场大洪水，门捷列夫的办公室遭到严重的破坏，特别是门捷列夫的私人藏书有一部分遭受严重损坏。忙乱之中，书都被打成了捆，而这些成捆的书，差不多就这样整整躺了 25 年。1947 年，门捷列夫的小女儿门捷列娃·库兹米娜被任命为门捷列夫博物馆兼档案馆馆长，而毕业于莫斯科档案学院的库德里亚夫采娃成了她的助手，两人着手整理档案馆，把那些成捆的书一一解开进行清理。

有个任务相当复杂，即建造一个可存放门捷列夫图书的办公室，并修造得和门捷列夫生前时一模一样。

最后一捆书中，工作人员发现在一本书的封面后夹有门捷列夫的一份手稿和两张元素周期表（图 22 和图 29）。这个收获对我们今后的研究来说是非常重要的，甚至可以说是有决定性意义的。

后来才弄清楚这份手稿是以德文刊登在《李比希学术年报》上的门捷列夫论文《化学元素的周期规律性》的俄文原文，这篇论文的俄文原件在当时还未曾见过。而发现的那两张元素表更是大有用处，因为这两张表属于周期律发现的那一天。

然而，档案馆的工作人员并非化学家，他们无法对自己的发现进行深入研究。

1949 年 1 月，在档案馆里，我们会见了有关工作人员。当时，我们就共同发表门捷列夫这份手稿达成协议：各种材料以门捷列夫博物馆兼档案馆工作人员的名义发表。由他们来完成对大量论文的判读和对一些化学表格及简短的原文的解释，而对这些文件的注释将由我来完成。第二年，被发现的那份材料——一份手稿及两张元素周期表就以单行本的形式出版了，在这个小册子①中，附有我的一份注释《论门捷列夫发现周期律的历史》②。从这时候起，我们对门捷列夫手稿遗产的研究工作就已广泛展开。这时，又发现了大量非常重要的材料。如果没有这些材料，很难设想能把周期律发现的准备过程、完成，以及周期律发现之后继续研究工作的进程完全复原。

工作人员在整理工作中第一个收获的重要性在于其中有一张表是完整元素表的草稿，在这张表中化学牌卦被一步步完整地记了下来。我一看到这张表便仔细进行了推测，但是这种推测必须有根据，并要解释门捷列夫在表的边上所做的那些难懂的记号。显然，这些记号与各个不同阶段牌卦的具体过程有关。我用了整整两个月的时间，手持放大镜整天仔细观察草稿上的每一个字迹。每一次的观察都越来越证实这张表确实有可能使我们重现牌卦的整个过程。在这项研究结束的时候，上述意见便变成了坚定的信念，推测也变成了现实。

随着研究工作的深入，情况越加明朗：门捷列夫先用化学

---

① Д. И. 门捷列夫：《关于周期律发现史的新材料》，莫斯科，1950。
② Д. И. 门捷列夫：《关于周期律发现史的新材料》，第 85～145 页。

元素做了一副牌，然后在自己面前放了一张干净的白纸，以便记下牌卦的步骤。在表的边上，他记下了那些还没有进入牌卦正等着入卦的元素，每当一张牌被放入牌卦，这张牌的名字便从那个没有进入牌卦的名字里被勾去，而这张牌的元素符号则被写在表中刚才摆着这张元素牌的位置上。如果有哪一个元素被从最初划给它的位置上移开，那么在原来的位置上把这个元素的符号勾掉而将其重新写在新的地方。

但是还剩下不少没有被译读的手稿，为了研究这些手稿，我势必要在很长的一段时间里伤透脑筋。这些事，我后面还要讲到。

第二节　进一步的寻找

门捷列夫在霍德涅夫来信背面所做的记录，对于研究周期律的发现过程有着特殊的意义。门捷列夫是一个爱随手写东西的人，显然他是非常爱惜纸张而不会白白浪费。他经常在信、计算稿、表格稿和其他一些写过字的纸的背面做笔记。当门捷列夫收到霍德涅夫有关他由圣彼得堡动身前往干酪制造厂的信时，情况正是这样。

这封信是怎么找到的呢？

对于门捷列夫全部书信体的材料，只要门捷列夫本人没有把它收进一些专门设置的纪念册中，工作人员就按文件的内容，根据档案的范围对其分门别类。既然霍德涅夫的信涉及干酪制造厂，那么这封信就被放进有关农业部分的材料中。工作人员发现的第二张元素表，表上有个日期是 1869 年 2 月 17

日。由于这个缘故，我继续清理所有标有这个日期的门捷列夫的档案材料，而不管它们的具体内容。这样，我才在农业部分材料中发现霍德涅夫的信。这就是说，在发现的那天，门捷列夫正准备出发到干酪制造厂去。这个情况，使我们有可能理解发现的开始和过程的详细情形。

但是，能够确定这封信的内容和时间并不是最重要的事。最重要的是在信的背面门捷列夫做了一些记录。正如我们已经说过的那样，门捷列夫在这里对 Cl 和 K 进行了比较，这是门捷列夫走向发现的第一步而且也是最重要的一步。正是这一点才使日期署为"1869 年 2 月 17 日"并具有明确探索目的的文件有着如此巨大的意义。要不是对上面所说的探索产生兴趣的话，那很难说霍德涅夫的这封信还要在材料堆中躺上多少年。现在则有可能将记录在霍德涅夫信上的发现的开端、发现的继续以及发现的完成联系起来研究。当说到发现继续的时候，我们应该注意到这样一件事：记有两张不完全的元素的草稿表的那张小纸片（图 15）上也署有日期："1869 年 2 月 17 日。"我们一方面将这两张草稿表和霍德涅夫信上的记录进行了比较，另一方面和门捷列夫起草的牌卦表进行了比较，通过这两个比较，我们就能断定，这张不完全的元素表是在霍德涅夫信上做记录与开始化学牌卦这两件事之间完成的。显然，这两张不完全的表反映的正好是伊诺斯特兰采夫在办公室门口碰到门捷列夫在紧张思考元素表。总的来说，这两张附在《化学原理》中的小表，使我们能更加完整地把发现的开端（霍德涅夫的信）和化学牌卦联系起来的线索再次重现。

我还要再讲一个关于探索的历史，以证明在科学研究中有的时候不得不去走十分不寻常的道路。

列宁格勒有两个门捷列夫博物馆，一个位于列宁格勒大学，另一个位于度量衡研究所。而位于度量衡研究所的门捷列夫博物馆的负责人是 A. B. 斯克沃尔佐夫，他过去有段时间做过门捷列夫的私人秘书。这个博物馆中陈列着各种各样的展品，其中包括门捷列夫亲手写的一些元素表的影印件。我对其中一份影印件产生了强烈的兴趣。这是我没见过的一份元素表。在这张表上，门捷列夫对元素铟（In）、钇（Y）、钍（Th）和一些稀土元素的原子量进行了重新计算。但是，在这个博物馆中找不到这张复制表的原件，而负责人斯克沃尔佐夫也不清楚这张照片是从哪儿来的，也不知道是怎样陈列出来的。他只是推测说，这个影印件大概是他的前任姆拉捷采夫带来的。而按照斯克沃尔佐夫的说法，他的这位前任有个习惯，经常把门捷列夫的一些材料拿回自己的家中，一放就是很久。在战争中，列宁格勒受到封锁的时候，姆拉捷采夫住的房子被炸毁，他本人遇难。斯克沃尔佐夫说，如果那张表当时还在房子里的话，很可能已经毁于战火。

列宁格勒大学门捷列夫博物馆的工作人员，也没有一个能向我满意地说明关于这张照片的情况。但是，会不会有可能这张表并没有被毁掉仍旧保存在什么地方？如果这张表还在，那么到什么地方和怎样才能找到它？我对这张表的影印件仔细地进行了研究后，有过两种设想：第一，看来这张表是夹在或贴在某本书里，正像门捷列夫平时喜欢做的那样；第二，这张照片的图像的一角上有一个明显的斑点，这个斑点是浸过水的，因为它的边缘是弯弯曲曲的好像被涂上了墨点似的。由此，我得出结论：应该到门捷列夫图书馆的藏书中去找这张表。但是这些书在 1924 年的那次洪水中受损严重。

首先，必须系统地翻阅全部现存的书籍，我研究了其他影印件，看看有没有类似这张有斑点的影印件。我发现了其中一份影印件，影印件图像的那个角上也有类似的斑点。这是一份门捷列夫存书中编号为 1002 卷的插页的影印件。我找到了这本书，把它拿在手上，看到书的一角已被水浸透，书的每一页和插页上都有同样的斑点，在卷的末尾正好贴着一张我们要寻找的表。顺便说一句，在 1002 卷的背后注明着日期：1856～1861 年。当然，这个日期把研究者给弄糊涂了，有谁能想到要到这里来寻找有关 1870 年的这张珍贵的表呢？

第三节　追踪

门捷列夫和他的同时代人提供的情况向我们提出了一个特殊的任务。例如，按伊诺斯特兰采夫的旁证，门捷列夫记下了自己在梦中见到的那张表，而后他只对表中的一个地方进行了修正。伊诺斯特兰采夫接着补充说："可能这张小纸片现在还保存着，因为门捷列夫经常利用他收到的便条，在只用了一半的信纸上做简短的笔记。"[①]

问题是，如果这张小纸片真的保留到现在，怎样才能找到它？我们查遍了已经被发掘的由门捷列夫亲笔写的元素表，立刻就把其中的绝大多数排除在可能的范围之外，因为这些表显然都是在周期律发现之后编制而成的，而我们要找的这张未知

---

① 伊·伊·拉普申：《创造性的哲学与哲学的创造》第 2 卷，莫斯科，1922，第 81 页。

的表应该反映周期律的最原始的方案。附在《化学原理》中的两张不完整的元素表看来也不是我们所要找的那张，因为这两张表中元素排列的顺序无论如何都不能认为是最终的形式。而在草稿的牌卦表中有着不是一个而是几十个修改的地方，这样便又排除了它是梦见的那张牌卦表的可能性。

显然，只有图 29 所示的那张由工作人员找到的表才可能是门捷列夫梦见的那张表。在这张表上，门捷列夫记下了牌卦的过程。在这张表上，元素是按照和牌卦相反的顺序来摆布的，也就是说是按照原子量增加（而不是减少）的原则来排列的。但是，最重要的证据是后来这张表事实上只在一个地方进行了实质性的修改。我们所讲的这张表在当初是准备供给印刷厂排版印刷之用的，而校样由印刷厂送给门捷列夫之后，门捷列夫便从校样中勾掉了两个尚无充分根据而预言的元素。这是两个（？ = 8 , ？ = 22）在同一行中并排着的元素，而从排字的观点看来，这两个元素恰好在"同一位置上"。

这样，不但找到了在发现的那一天门捷列夫梦见的那张表，而且也无可怀疑地证明只有这张表才是我们所要寻找的那张表。

更不必说，如果能找到门捷列夫为牌卦编制的化学纸牌的原件的话，那一定有非常特殊的意义，但很可惜，这些化学纸牌消失得无影无踪。这是令人十分不解的，因为门捷列夫既然能保留有关周期律发现历史的几乎全部资料，怎么会把这些对发现起过这么巨大作用的化学纸牌丢掉呢？但是谁又知道门捷列夫究竟把它们放到什么地方去了呢？

在对这个问题做出力所能及的回答之前，我们先得弄清楚纸牌上写的是什么。从《化学原理》中我们知道，门捷列夫在这些化学纸牌上记下了元素的原子量、它们的主要性质。而在《化学原理》第1卷开头刊印着注明主要性质的单质（化学元素）表。但是这张表上并没有注明原子量，而且编制纸牌应该从全部元素的原子量表开始。这一点门捷列夫在书的页边上对着每个元素符号写上它的原子量时就做到了。这个记录是在《化学原理》第一篇中被发现的。

因此，可以假设，那些包含在上述表中的资料和所补充的原子量一起被记在纸牌上，但也有可能门捷列夫用附有结晶态和溶解度说明的最重要的化合物的式子和特性来充实这些纸牌上的内容。

只要了解学者是怎样爱惜那些与自己的发明有关的一切，就应该想到，一定是某种重要的原因，导致这些纸牌逐渐地散失。这个原因可能是为了付印而编制一张更加详细的新的元素表。为使编造这张表时能节省时间，门捷列夫很可能把全部的纸牌贴到了一张纸上。而事实上，在《化学原理》最后一卷中就有一张详细的元素表——《门捷列夫的元素自然系统》（1871年2月）。每个元素的旁边都注有它的主要的化合物的式子并附有说明，如其中哪些物体是固体的，哪些化合物是很少溶于水的，哪些是气体的和哪些是挥发性的。如果我们的这一推测正确的话，那么就再也没有任何希望找到门捷列夫的纸牌了，因为"社会福利"印刷厂在印制《化学原理》的时候，没有保留排字的原文本的。

有一天，门捷列娃·库兹米娜通知我说，她终于找到了寻觅如此之久的化学纸牌，但后来弄清楚所找到的这副牌是在很晚的时候门捷列夫为了研究水的溶解性质编制的。

而那副曾经用于化学牌卦的纸牌肯定是找不到了。

第九章　猜字形谜

　　目前为止，我们讲了关于寻找与周期律发现历史有关的门捷列夫新的材料的情况。我们也谈到了在下列情况下如何确定新找到材料的日期的问题：一种情况是新找到的材料和某些注明了日期的材料是衔接的；另一种情况是按这些新材料的性质和内容来确定它们应该属于那些标明了日期的材料中的哪一个时间的。但是，当元素表不能确定它与注有日期的文献有直接的联系时，情况就复杂了。这时候就需要找到一种特殊的方法来确定材料的日期，哪怕能确定它编制的近似日期也好。

　　这就关系到判读门捷列夫一些草图的问题。门捷列夫在绘制这些草图的时候，仅仅是为了自己研究的方便，用不着顾及别人是否能辨认它们。所以，在很多情况下他所做的笔记仿佛是一些被译成了密码的东西，而且这些密码在这里是这样的，而在另一些地方完全又是另一个样。我们碰到一些特别让人伤脑筋的问题和谜语之类的东西，为了判读它们，我们得花上一番工夫。因此，我们不止一次地想起了爱伦·坡的《黄金国》。事实上，情况是非常相似的，仅有一点差别，那就是在那个故事中原文是故意给译成密码的，而在门捷列夫这里密码是无意之中造成的。

第一节 如何确定日期

最简单的方法是根据元素的符号来确定日期。如果在表中出现某个符号表示的元素是较迟才被发现的，这就说明这个表的编制日期不会早于这个元素发现的时间。例如，一切记有镓的元素符号的表不可能早于1875年11月之前。同样，如果某个表中有铟的符号，那就是说，这个表是在1866年或者稍晚的时候编制的。通过另一条途径来对门捷列夫采用的符号进行分析，也能确定文献的日期，科学家对表示元素符号的记忆在这里起了很有趣的作用。对于那些已知元素的符号，门捷列夫当然很清楚，但对于那些很少被研究的元素的符号，他显然记得不太牢或者已经忘记。特别是在思维活动紧张的时候，当时门捷列夫只要求不去现找符号便能表示这个或那个元素就是了。到后来，在符号被准确地使用之后，门捷列夫已严格地使用惯用的符号。著作发表之前，门捷列夫便对照着化学界通用的符号来校对自己写惯了的一些元素符号，一旦发现有不符合的地方，便马上用通用的符号把自己惯用的符号改正过来。

这样的事也发生在周期律的发现和整理加工期间。例如，在第一批元素表中，元素铑（Rh），门捷列夫曾记为Ro，而不像通常那样记为Rh。而在周期律发现的那天以及在发现之后的前几天，门捷列夫在自己的所有草图中一再用Ro来表示铑。但是，在《元素系统刍议》一文的校样中，他对此已做了必要的纠正，自那之后，他再没有使用Ro。我们可以由此得出结论：所有那些把铑记为Ro的元素表编制的时间不会迟

于 1869 年 3 月前几天。这样，我们就可以为图 16 中的表注明
日期了。

　　我们还要举另一个例子。直到 1870 年底，门捷列夫都是
用 Pl 代替 Pd 来标记元素钯。大约在 1871 年元旦，他在收到
自己的论文《元素的自然系统及其对未发现元素性质说明的
应用》一文的校样时，把 Pl 改成了 Pd，自那之后，他就用 Pd
来表示钯了。这就是说，门捷列夫用 Pl 来表示钯的所有记录，
应该被认为是在 1871 年 1 月之前。这就有可能为图 6 中那样
的表注明日期。这张表中钯是用 Pl 来表示的，而在图 5 中钯
已经作为 Pd 出现。这样的情况大致在其他某些元素中也可以
看到，如铌（Nb）、钌（Ru）、铀（U）、钨（W）、硼（B）、
钇（Y）和钒（V）等。

　　为了确定文献的日期，原子量也能作为另一种依据。例
如，在发现周期律的那天之前，门捷列夫认为铍（Be）的原
子量等于 14。在摆布化学牌卦时，他把这个量减少了 1/3：
Be = 9.4。因而，那些出现了 Be 修正过的原子量 9.4 的记录，
要么是在发现的那一天做的，要么是在发现之后较晚的一段时
间里做的。

　　整行元素（在周期律的基础上）的原子量同时改变也是一
个重要的根据。铀（U）、铟（In）、钍（Th）、钇（Y）以及其
他一些稀有金属的原子量同时改变，这是在 1870 年夏末秋初做
出的，这个情况体现在一张被水浸湿了一个角的表中。这个表
是在编号为"1002 卷"门捷列夫私人藏书中找到的。从元素周
期律发现那天起，到我们上面说的那个时期止（1870 年夏末秋
初），门捷列夫都是采用 In = 75.6，但后来他修改为 In = 113.4。
这一点从图 6 中可以看到。他同样大幅度修改了其他一些元素

的原子量。因此，所有那些记有被命名的元素又有被修改后的原子量的文献，日期不可能早于 1870 年秋初。

特别突出的是，早在 1869 年夏天，门捷列夫便得到一个结论：他当时使用铀的原子量 Ur = 116 是不准确的。于是，他把铀从它原来在 Cd = 112 和 Sn = 118 之间的位置上移开，稍后在这个空位上放了原子量修正以后的 In = 113.4。

还可以引用一些类似的特征帮助确定文献的日期。例如，大约在 1870 年 10 月之前，在一些文件中会遇到 W = 186、Bi = 210、Se = 79.4、Al = 27.4，而稍后却变成 W = 184、Bi = 208、Se = 78、Al = 27.3。1871 年 2 月之前，门捷列夫一直认为钛的原子量是 50，后来改为 48。所有这些特征，都有可能使表的日期的确定变得更加准确。例如，图 5（1871 年夏天）和图 6（1870 年秋初）中那些表的日期，就是这样确定的。

就是这样一些特征，为门捷列夫的笔记确定日期提供了可能性。

第二节 伤脑筋的缩写

为了使牌卦表中的这些字形谜看得更加明显，我们将其放大。这样，我们就仿佛是在用放大镜来观察它们。在表的右上角，在铽（Tb）及其原子量的下方（Ter = 37.7，75.4），门捷列夫写上了某些令人不解的字母"He cy пo 6"，而后又画了一个椭圆把它们勾掉了。这意味着什么呢？引人注目的是，除了一个元素，所有其他元素都包括在图 21 的表中，也就是说都被排在牌卦里了。但是在 1869 年 3 月或稍晚的时候编制的那些表中，无论哪张表，都没有铽（Tb）这个元素。这些奇怪的缩写字母就是谜底。

图 21　门捷列夫在牌卦表中的部分笔记
（1869 年 2 月 17 日）

可能开头的四个字母是"不存在的意思"[①]，门捷列夫的习惯是用元音字母而不是用辅音字母来缩写词语，如 существовать（存在）一词缩写成 "су"。那么 "по 6" 又意味着什么呢？显然，它们与把铽从表中除去有着某种联系。因为门捷列夫不把这个元素放进自己的表里一定是有理由的。可能，"по 6" 应该这样来理解：铽，按照某位化学家的意见是不存在的，而这位化学家的名字开头的字母是 6。例如，是不是 по бунзену（根据本生的意见）？本生是一位从事稀土元素研究的化学家，门捷列夫在自己的牌卦表中在同一个角上的两个地方在钇（Y）的旁边，在铒（Er）的旁边——记下了这位化学家的名字。很可能，这个字形谜的谜底就在《化学原理》

---

① 俄语中的"不存在"是 Не существовать，这两个字开头的四个字母正好是 Несу。——译者注

第 2 卷中。事实正是这样，在《化学原理》第 3 卷第 5 章中我
们看到："……有时候，甚至对其中某些金属是否可以作为独
立的化学元素存在提出疑问，因为这些元素的很多化合物的性
质是那样相似，以致在未做全面和仔细的研究时，就不能相信
它们之间没有同一性。例如，它们之中的铽（Tb）……一些
人（德·拉弗金）指出，铽的盐在硫化钾的盐溶液中很难溶
解。所以，它在不溶解性方面和铈是一样的，而按照其他的一
些化学家（如本生和拜耳）的意见，铽盐和钇在一起是可以
溶解的。因为这些不同的说法甚至否定了铽作为钆（Gd）类
的第三个金属元素的存在。……当然，如果对铒或铽的存在都
表示怀疑的话，那么根本谈不上它们的当量是多少。根据本生
的意见，被德·拉弗金认作铽的铒的当量等于 112.6。"①

　　于是"He cy пo 6"② 的意思是"根据本生的意见是不存
在的"。

　　另一个难解的字形谜产生在同一个牌卦表稍下一点的地
方，门捷列夫用铅笔潦草写下了"Heвзo In"的字样，接着又
在这几个字母的后面用铅笔勾掉了"Er，Th，Yt"几个元素
的符号。"Heвзo In"是什么意思呢？也许和上面讲的那个谜
底一样，在作者心目中有一位化学家曾对这四个元素提出自己
的见解，而在这位化学家提出意见之后，应该把其中的三个元
素勾去？那么这位化学家到底是谁呢？如果他是俄国人，那么
他的名字可能是"Heвзoров"（涅夫卓洛夫）；而如果他是德
国人、法国人或英国人，那么可能是"Heбson"（Хзбсон）

---

① Д. И. 门捷列夫：《化学原理》第 2 卷，第 189、190、191 页。
② 这句话的原文是"He существовать по ъунзену"。——译者注

（黑伯森）。然而，用这样或那样的名字来寻找科学家的办法是行不通的，也就是说应该另想办法。

一位化学史家在讨论我的报告时提出了一个设想，他认为，"Невзо In"表示的并不是某个化学家的名字，而是一个简单的没有写好的德文字"Ueber"，俄文的意思是"над"或"выше"（上面）。这个词可能是指示方向的"向哪里"。显然，门捷列夫要把这四个元素放到表的上面，是按德文的发音来表示自己的意思。

事实上，铟（In）、铒（Er）、钍（Th）和钇（Yt）这四个元素已被放在所有其他元素上面。但这样又使人莫名其妙：门捷列夫有什么必要用德文来写那个用俄文来写也非常简单的词，更何况这个记录完全是为自己做的？而且，字母"Невзо"的写法也不同于"Ueber"（除了一个字母 e 外）。

这个谜却被出乎意料地解开了。因为门捷列夫喜欢用元音字母结尾来写缩写词，所以应该从这个角度继续寻找，弄清楚"Невзо"是哪个词的缩写。这里便产生了一个推测：要知道这四个元素都是最后（或者差不多是最后的）才被放进牌卦中的。这就是说，当所有其他元素牌已经进入牌卦的时候，只有这四个元素还没有被排布。在没有可能把它们排入表内的情况下，门捷列夫便把它们接在了表的上方，即表的边缘。之后我们多次碰到门捷列夫这样的一些写法，如用"взошли"来代替"Вошли"（进入），用"Не"代表"отричание"（否定），而且这些都被门捷列夫作为基本的词连写下来"Не Взо（шли）"。

这个谜底帮助我们确定了牌卦最后阶段的情况。当时已经摆好了 59 张元素牌，而还有 4 张牌被单独放在一边，它们是

In、Er、Th、Yt。后来，门捷列夫又把最后的三张元素牌放到牌卦中，于是他就勾掉了这三个元素的符号，那里就只剩下一个元素 In 了。由于为 In 在钇的上方找到了一个位置，门捷列夫便结束了自己的牌卦，并在这个牌卦表的下边打上了一个药剂师常用的记号"#"——表示到此结束。

表的左上方还写着一个词"Надо"（中文意为需要、必须等）。接着这个词，也就是在 Ca、Ba 和 Sr 前面，还写着一个潦草不清的词（图 21），这个词在很长一段时间内都没有被辨认出来，因此在 1950 年第一次公布牌卦表的时候不得不附以"此字不清"的声明。这是一个在此表发表时唯一还未被译读的词。

在表中，上述三个元素碰到过两次：一次是与它们的当量写在一起；另一次是和它们的真实的原子量写在一起。在第一次，它们被排在铜和银一行的下面，即 Ca？ = 20 在 Mg = 24 下面；Sr？ = 44 在 Cr = 52.2 下面；Ba？ = 68 在 Cu = 63.4 下面。但是，后来门捷列夫又把它们从那里勾掉了，而写在碱金属族上面，即 Ca = 40，Sr = 87.6，Ba = 137。

难道这三个元素和"Надо"之后的那个认不出来的字之间有什么联系吗？这个笔记和确定这三个原子量之间会不会有什么关系？一些人为这个问题寻求答案费尽心机。列宁格勒化学家 Р. Б. 多勃洛京找到了答案："Надо теплоемкость"（需要热容量）。也就是说，应该确定 Ca、Ba、Sr 这三个元素的热容量，然后根据杜隆和珀替的定律，计算出它们的原子量。众所周知，一个元素的热容量和原子量之乘积是一个恒定的等于 6 或接近于 6 的数值。

按照上面找到的那个答案，我们到《化学原理》第 3 卷中寻找多勃洛京所提出的解释的证据。该书的第三章中，我们找到了这样一段话："热容量和原子量之积近乎一个常数，约等于6。这样，就产生了一种判断元素的原子量的可能，虽然这种判断是不准确的，而且只是粗略的和近似的……遗憾的是，现在被单独拿来做例子的碱金属和碱土金属，在空气中发生如此显著的变异，以致对它们进行物理观察是一件十分吃力的事。而且，个别碱土金属还几乎不为人所知，至少它们中间的很多个元素——Ca、Ba、Sr，还没有测定热容量。"[①]

这就是说，在这里所推测的谜底被门捷列夫的话证实。在这种情况下，书里和牌卦表中的碱金属排列的连续性，在重复地违反按原子量排列的连续性的意义上，也是恰好相符。排在Ca后面的是Ba而不是Sr；Sr不是在Ba之前而是在它后面。

在研究门捷列夫手稿的过程中还有不少这样使人头痛和费解的字形谜，对这些问题的研究消耗了许多精力。不管谁研究这些手稿，都要弄明白它的意义。这个问题就讲到这里，现在让我们转到另一个问题上来，即在把化学牌卦作为整个内在联系的过程来了解时，我们会得到什么样的结果。

---

① Д. И. 门捷列夫：《化学原理》第2卷，第105～106页。

第十章　电影剧本计划

　　寻找材料和对材料进行判读的工作已经结束，各种材料在时间顺序上的连续性也已经确定之后，我们便有可能重现周期律发现的全部情景，特别是有可能重现门捷列夫化学牌卦的全部情景。让我们想象一下摄制一部关于元素周期律发现史的科技新闻片或是科普影片的问题。在银幕上用动画片的方法能够表明门捷列夫各种文献的全部写作过程，最主要的是能够表明牌卦表草稿的编制过程。在影片中可以由演员来扮演门捷列夫，但这并不是一个重要的问题。我们主要的任务在于能够通过影片反映周期律发现各个阶段的全部情况，并且力求使影片对于全体观众——无论是不了解周期律发现史的人，还是从事科学创造研究的人——都有所助益。

　　现在我们来详细研究一下在发现周期律当天发生的事件。毫无疑问，牌卦是这些事件的核心。所以，我们可以将这一天发生的全部事件分成三类：在牌卦前发生的、和牌卦同时发生的、紧接着牌卦之后发生的。我们还把那些未进入元素表的元素牌的排布活动归为最后的事件，这些元素没有进表，因而也就算作没有进入牌卦。

　　不言而喻，这只是一个电影剧本计划而不是剧本，因为电影剧本是需要在更多地方重复我们在前面几章里讲过的事情。

但是，把关于一个可行的电影剧本的想法作为本书对已经谈过的那些事情的总结来介绍并非没有意义。

第一节　准备答案的时刻

冬天。圣彼得堡的一个阴暗的早晨。一阵风，把日历翻到1869 年 2 月 17 日。门捷列夫这天准备动身前往干酪制造厂，他正一个人坐在办公室里吃着早餐。但是，他的思路集中到一个悬而未决的问题上，即在《化学原理》一书中写完碱金属元素之后应该继续写什么元素才合适呢？在门捷列夫眼前，出现了由他自己编制的《化学原理》一书的写作计划。最初，他打算在写完碱金属之后马上转入写 Mg、Ca、Sr、Ba、Zn、Pb、Ag、Hg、Cu，而写完这些就马上写 S、Se、Fe。而在来的一个计划中，硫族元素被推迟到以后再讲，上面讲的这些金属被他分为四章。开头一章讲 Mg，第二章讲 Ca、Sr、Ba，第三章讲 Zn、Cd、In，最后一章讲 Cu 和 Ag。在这里我们可以看到，门捷列夫明显倾向于在碱金属之后立刻写碱土金属元素。但是，为什么要这样做呢？在没有找到这个使他激动的问题的答案之前，这就是使他备受折磨而又未能解答的问题。

就在这时邮差带着霍德涅夫的信走了进来。霍德涅夫在信中问他是否已经获准到特维尔省的干酪制造厂视察。于是门捷列夫写了个便条给霍德涅夫，告诉他：自己一切都已准备妥当，当天就准备出发。这张便条便由同一个邮差送走了。

门捷列夫随手将这封来信放到桌子上，继续吃早餐，顺手把一个大茶杯压在信上，于是信上便留下了一个茶杯底的印迹。与此同时，门捷列夫的思维正在为寻找那个问题的答案紧张地活动着，讲完碱金属元素后讲什么元素合适？如果接着讲碱土金属元素，那么为什么这样做？根据又是什么呢？

门捷列夫的手中拿着一支铅笔，但当时是用不着的，因为他根本不打算在这个时候开始进行某种新课题的研究。现在应该准备出发，动身去火车站了……但是他的思路无论如何都不能停下来，他仍在思索着那个问题。

他恍然大悟：如果按化学元素的原子量大小来比较化学性质不相同的元素，那将会得到什么样的结果呢？这一顿悟虽然发自内心，但它在外部身体上有所反应：门捷列夫打了一个哆嗦，全身紧张，由于受到突然的鼓舞脸上放出光彩。方才的沉思状态下甚至有些沮丧的情绪立即消失，转而变为一种强烈的创造力，一股突然爆发的、被抑制很久的精神和智慧涌出。

这时，门捷列夫手中的铅笔迅速地转动起来，几秒钟之内，门捷列夫进入了活跃的思维活动。连找一张纸也来不及了，门捷列夫随手先将霍德涅夫的信拿过来，在背面书写。解决整个难题的关键找到了，闪现在科学家头脑中的想法作为纸上笔记定型。科学家从心里意识到：在比较了 $Cl = 35.5$ 和 $K = 39.1$ 之后，他比较了它们的原子量，但他还没来得及把这个结果记下来就又迅速地转到在碱金属后面应该排列什么金属的问题上。在 K 下面他写上了 Na（当时还没触及与 K 相似的其他元素），然后是 H，碱土金属 Ba、Sr、Ca，再就是开始时记进《化学原理》的那部分金属：Ag、Pb、Hg。从新的一行开始是另一列的元素 Cu、Mg、Co、Ni、Fe、Mn，然后是 Ti、Si。门捷列夫用粗线圈上了第一列的金属，而在第一列和第二列之间写上了 Zn。

但是，这样急急忙忙写下包括氢在内的几列金属元素是不能使门捷列夫满意的。要知道，他的思想实质在于按照原子量的大小来比较不相似的化学元素，而现在记下来的东西暂时还没有做到这一点。怎样才能不但使完全对立的两个元素 Cl 和 K 接近，而且也能使整族不相似的元素也接近呢？这个问题当时还不清楚。

门捷列夫把四个碱金属——Na、K、Rb 和 Cs 的原子量写在一行里。这里并没有锂，因为门捷列夫认为，从一方面来看锂是处于碱金属之间的过渡元素，从另一方面来看它又是镁和钙之间的过渡元素，不久前他在《化学原理》一书中写道："锂是一个由碱金属向碱土金属过渡的一个元素，可以把镁和钙作为碱土金属的代表。"[①]

门捷列夫挑选出一族元素，在把这族元素和碱金属元素按原子量大小进行比较的时候，他仔细地研究了 Mg、Zn 和 Cd，并且把 Li 放在 Mg 的下面。原子量方面的差数并不一样，分别为 16、15、20、21。他曾试图用 Be = 14 来代替 Li，但差数减少到 9，差别大得令人吃惊。这时，门捷列夫便改变了开始时推论的性质。他把写在碱金属下面的第二族元素的原子量对半分开，但即使这样原子量变化的周期律的规律性还是没有显现出来。这时问题明朗化，要找到这个规律性只有通过有计划的和系统的研究才能奏效，于是门捷列夫立刻埋头工作。到干酪

---

① Д. И. 门捷列夫：《化学原理》第 2 卷，第 103 页。

制造厂去的行程显然被推迟了，但他仍然希望能尽快地结束已开始的工作，以便当天仍能如期地出发前往特维尔省。

　　他的思路改变了，必须力求编制一张共同的元素表，这张表能够尽可能地把这样的元素族互相进行比较，在进行这种比较的时候，这些族的成员之间的原子量的差是最小的，就像 K = 39 和 Cl = 35.5 的情况那样，而且还要求在各族成员之间不能再放进其他任何已知的元素（惰性气体是以后才发现的）。

　　正是按照这样的程序，门捷列夫着手在一张空白纸上一族元素接着一族元素地写起来。图 15 所示就是他得到的结果。我们拍摄的动画片也会表明导致这个结果的整个过程。银幕上开始出现的是 Ca = 40，在它之后（根据碱土金属——Ca、Ba、Sr 的习惯分族法）写着 Ba。但是这个符号很快就被标有原子量的锶（Sr）盖住，Sr = 87，然后才是 Ba = 137。在这第一个族的下面又写下了 4 个元素族，它们各有 4 个成员，分别是卤素、氧族、氮族和碳族。当时铋（Bi）还没有被包括在氮族中，而碳族中元素硅（Si）之后是 Zr = 89。

　　下一个元素族是由 H、Cu 和 Ag 构成的。这个族的元素和上面氮族的元素的原子量存在差异，如 N = 14 与 H = 1 原子量之差为 13，As = 75 与 Ca = 63 原子量之差为 12，Sb = 122 与 Ag = 108 原子量之差为 14。后面的两个数值门捷列夫记在了表中。H = 1 和 Cu = 63 之间留有空位。什么样的元素应该占据这个位置？或许它的原子量能够事先被确定？如果在上述列中 N 和 H 之差为 13，那么在这里元素的原子量之差也应该接近这个数值。于是门捷列夫在 H 和 Cu 之间打上了问号，并假定这个未知的元素的原子量等于 18。因为 P = 31 与 "？ = 18" 原子量之差为 13。在问号之下又写上 "铍（Be?）"。由此，我们可以得出结论：门捷列夫预言的铍（Be）的原子量等于18。

在接下来编制的一张表中出现了镁族元素。但是，镁族成员的原子量比组成 H～Cu 族的成员的原子量要大。既然元素在垂直方向上是按原子量的减少来排列的，门捷列夫便把 H～Cu 这个元素族从它先前的地方移开，直接摆在镁族的下边，但这时没有把"Be?"也就是"? = 18"一起挪到这里来。

在这个表的左边页边上，在 H = 1 的对面写下了 Hg = 200 和一个迁移符号（这是一条由 Hg = 200 出发经由表的顶部而指向对面的那个族的指示线），这个迁移符号落在由 Cu 和 Ag 组成的行中（在 Ag = 108 之后）。这样，就开始了表中垂直的第五列。在表的更靠下的地方写下了碱金属〔没有铯（Cs）〕和与碱金属相对应的镁族成员之间的原子量之差，即 Mg = 24 与 Na = 23 原子量之差为 1，Zn = 65 与 K = 39 原子量之差为 27（门捷列夫弄错了，这里的差数应该为 26），Cd = 112 与 Rb = 85 原子量之差为 27。

这里产生了一个问题，为什么把碱金属放在表的下边，也就是放在镁和铜族之下而不是之上呢？如果放在上面，那么它们（自上而下）既可以和碱土金属接头，（自上而下）又可以和卤素接头。这时，锂已经被提到前面并形成了一个新的栏（算起来已是第六栏），而还没有被包括进来的 Cs = 133，可以占据 Ba = 137 和 I = 127 之间的位置。但是要把碱金属元素族第二次列入表中，就像为铜元素族所做的那样是很困难的，因为把元素从一个地方挪到另一个地方时很易弄乱。这时只有把表再重抄一遍，这是门捷列夫常做的。

在第一张还没有最后完成（上面的）小表的下面，他开始编制第二张小表（下面的）。这一回跟在原先的那些碱土金属的第一族元素后面的是碱金属族，而碱金属族下面是原来的几个元素族，依次是卤素、氧族、氮族和碳族。根据原子量减少的原则，在 C = 12 之下写上 Li = 7 和 Zr = 89，这个元素在第一个（上面的）表中被摆在 Si = 28 和 Sn = 118 之间（在 As = 75 下面），而在第二个（下面的）表中却没有被包括进来。

当锂占据了 C = 12 下面的位置时，便有可能将镁族元素和 Li 放在同一列，正像在上面那张小表中把 H ~ Cu 族元素拿开放上镁族元素，又像在上面那张小表中的情况，在下面的这张表中，在镁族元素下面仍旧是 H ~ Cu 族元素，而且在 H 和 Cu 之间的空位上又重新出现了问号。镁被带着问号写在 Ca 的前上方，但接着又被从这一位置上拿走。

现在，当上面的那张表（有碱金属向上迁移记号的）变成了下面这张表的形式的时候，门捷列夫试图继续完善它。他做了以下几项工作。第一，在碱土金属的上面写上了土金属族：Al = 27、Fe = 56、Ce = 92。同时，Al 出现在钠的上方，也就是位于开始这里摆着 Mg = 24 的上面；Fe 在 Ca = 40 上面；Ce 在 Sr = 87 上面。第二，他在第二栏（由 Fe 开头）和第三栏（由 Ce 开头）之间加进了一个新的中间的栏。这个栏包括 V = 51（在 P 和 As 之间）、Ti = 50（在 Si 和 Sn 之间）和 In = 36（在 Mg 和 Zn 之间）。第三，在 C = 12 和 Li = 7 之间的垂直方向上他写下了一个新的元素 B = 11，由此在碳行和镁行之间又发现一个新的行（族）。第四，在水平的列（族）的末尾放上了 Bi = 210（在氮族中）、Pt（在碳族中）、Au 和 Mo（在硼族中）、Hg（在铜族中）。但是这样做还是没有完成从上面的那张表向下面的这张表的形式的发展，因为 Be 被放在土金属（在 Al 前面）最顶上的一列，而 Be 下面是 Li，这个Li 是从镁行搬到这里来的；在先前放 Li 的位置现在出现了一个问号。

在下面的那张小表中，门捷列夫所做的最后的补充是在F = 19 的前面写上一个符号——"？ = 3"。他用这个符号预言了存在一个原子量为 3 的卤素。他这个预言的根据是什么呢？问题在于碱金属元素和卤素之间每两个元素的原子量之差数，即 Na 与 F 原子量之差等于 4，K 与 Cl 原子量之差等于 3.5，Rb 与 Br 原子量之差等于 5.4，Cs 与 I 原子量之差等于 6。假如这些较重的卤素和碱金属元素的原子量的差正确的话，那么Li 应该有一个原子量大约为 3 的卤素作为它的对子，这个原子量和 Li 的原子量之差大约是 4。于是门捷列夫把他预言的这个原子量写进了表里，并且在 "7Li" 和 "3？" 的前面画了一个大括号。很多年后，也就是 20 世纪初，他写道：可以期待发现一个卤素元素，这个元素在周期系中紧接在 H = 1 之后。"可能，原子量为 3 的卤素在自然界将被找到。"[1]

门捷列夫编制元素表的工作进行得越深入，他就越是急于结束这项工作，那么与此有关的巨大困难在他面前也就变得越来越明显。应该按照什么样的顺序，才能把那些还没有被包括进表中的元素引进这个正在编制的表里去呢？如何判断某个元素所占的某个位置是否正确呢？如果一个元素还没有在表中找到自己的位置，应该把这个元素挪到什么位置？这样的移动要进行多少次元素才能找到它合适的位置？这些难题的答案显然

---

[1]　Д. И. 门捷列夫：《周期律》，第 493 页。

是无法立刻找到的。因而，对于这一尚未被科学夺取的堡垒的进攻战，不得不由正面直线进攻，改用系统的、有计划的包围战术……但是怎样才能做到这一点呢？

　　为找到出现的问题的答案，门捷列夫在自己的办公室内处于一种压抑的状态，但问题的答案和通往答案的道路还是看不见。正在这个节骨眼上，伊诺斯特兰采夫来访，并问及门捷列夫正在紧张思考的那个问题。门捷列夫回答说：有关将所有化学元素系统化的方法在他的脑海中都已考虑成熟，但他还未能找到一个表把它表达出来。为了不妨碍他思考，伊诺斯特兰采夫很快就离开了，而门捷列夫的思维一直处于紧张状态。

　　就在这时，也不知是因为门捷列夫的视线落在一副纸牌上还是在记忆中的纸牌引起了他的联想，他突然得到一个出乎意料的启示。纸牌中的大王、爱司等图像立即消失了，而出现在牌中的都是元素符号、原子量、化合物式以及与元素性质有关的一些数据，这只是发生在一瞬间的事。门捷列夫揉了揉眼睛，重新看到的还是那副普通的扑克牌，但想法已经产生。他接着把元素符号、有关性质的一些数据写在纸牌上，然后把这些化学纸牌排成一些行和列，就像在通常的牌卦中所做的那样。

　　他动手裁了一些小纸片（很可能他用了一些旧的名片），然后翻开《化学原理》第1卷，翻到第69页，单质表是从这页开始的。他把化学元素的符号和它们的性质抄在纸牌上。但是这张表中没有原子量，而在把原子量填在纸牌上之前，门捷列夫先把一些元素的原子量（按拉丁字母表，由第一位的银Ag开始，到表结尾的锆Zr结束）（图1）写在同一本书的页边（元素符号的左边）上。

这副牌准备好之后，门捷列夫便着手排列自己独一无二的牌卦。接着，银幕上便出现了一只门捷列夫正在玩牌的手，有时从还未进牌卦的一小堆牌中拿出一些牌，有时在牌卦中摆好的那部分牌中不时地调换牌的位置。与此同时，我们还能看到门捷列夫在手写的表中所做的记录。

牌卦是这样开始的，他先把全部的元素牌按照其对元素了解的程度和根据某个元素是属于轻的元素（原子量小的）还是属于重的元素（原子量大的）分成四组。

第一组中的元素牌——不管其原子量的大小——都是些已经被很好地研究过的元素，这样的元素共有 27 个。这 27 个元素都被这样或那样地列入两张不完全的表中。第二组和第三组的元素都是还未被仔细研究的一些元素，它们无法马上在表中找到位置。按照元素的原子量对元素进行类似划分的办法，被门捷列夫在自己的第一篇关于发现的论文中所说的话证实。文章说，最初的尝试包括对拥有最小的原子量的物质的精心挑选。根据一些其他的理由，上面所讲的话完全符合当时的情况。那些很少被研究的元素组成了第四组，这组元素的性质还没有被精确地确定。这些元素总共有 6 个，它们自然应该最后才被放进表里。

全部元素进入元素表的总次序是这样确定的，开始是被研究得最多的元素（27 张牌），然后是被研究得较少的轻的元素（14 张牌）和重的元素（17 张牌），最后进入表中的是最少被研究或者完全没有研究的元素（6 张牌）。

图 22　记录化学牌卦每一个步骤的完整元素草稿

第二节　牌卦排布的过程

　　牌卦排布的过程及其总的结果都在图 22 中表示出来。第一批的 27 个元素，毫无困难地进入表中，直到发现的那一天结束，这 27 个元素还是留在门捷列夫一开始就把它们放进去的位置上。在表的这一部分没有看到任何移动和修改的痕迹。牌卦的排列是从碱金属开始的，在第一行中由 Li = 7 排到 Cs = 133，每一专行都是一族元素：卤素、氧族、氮族（包括 Bi，但没有 V）和碳族（但没有 Ti 和 Zr）。因为在下面的那个表中 C = 12 下面已经把 B = 11 放在了 Au 和 Mo 行中，在这里门捷列夫以防漏行又将两个族的元素镁和铜（包括 Hg）写在它们原来的位置上。

通过动画片的镜头，这些形象化的东西组成了一幅把元素连续地放进表里的画面，而这些元素的牌（整族地）进入牌卦。总的来说，牌卦第一阶段的情况如图 23 所示。在这幅图的上边，我们可以看到第一组等待进入牌卦的牌。因为在草稿表中没有这组牌的清单，所以我们用虚线来表示这组牌。图 23 中元素块上的数字表明这张元素牌是从第一组中移入牌卦的。

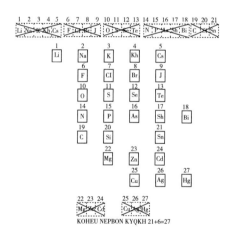

图 23　被研究得最多的元素排列情况

牌卦本身的步骤在图 23 中呈现出来。我们已经指出，每张元素牌在任何时候都处在一个确定的位置，如果这张牌已被拿进牌卦，那么牌卦外面等待进入牌卦的这组牌里就没有这张牌了；如果某张牌没有进入牌卦，也就是说它肯定还放在没有被排列的那组牌中，那么每当把牌从组中拿进牌卦的时候都得在外面的牌组中勾掉这张牌。

我们把牌卦的每个阶段都登记下来，表明在这段时间内有多少新牌被引进牌卦。例如，在第一组牌排布结束的时候，还有 6 张牌需要加进已经有 21 张牌的牌卦，这样参加牌卦的牌变成了 27 张，于是就在插图下边记下 "21 + 6 = 27"。

接着，门捷列夫过渡到第二组牌。第二组牌由 13 个较少被研究而且原子量不大的元素组成。门捷列夫把它们中的一部分写在表的外面，在表的边上写着那些等待入卦的元素。那里写着：位于底下的有 B、铁族元素（Fe、Co、Ni）和 Al，位于上边的是碱土金属（Ca、Ba、Sr）。第二组余下的 5 个元素没有写在表的边上，所以在图 24 边上我们用虚线来表示这些牌。

可以假定，牌卦中首先将包括 H = 1（其实，可能 H = 1 进入表中是与铜族放在一起的，正像上面讲过的两种情况）。但是，H = 1 在第二栏中（在 C 的下面）被勾掉了，而被移到第一栏 Li 下面，被单独写在表的边上。"B = 11？" 被移放到 C = 12 下面，正像早先做过的那样。紧跟这些的是土元素和全部的铁族元素（除 Mn 外），V 和 Al = 27.4 开始放在 Na = 23 上面，Fe = 56 放在 K = 39 上面。在铁 Fe 的上面写上了和铁最接近的 Ni 和 Co 族的成员（对于它们的原子量，门捷列夫取至 59）。V = 51、Ti = 50 和 Cr = 52.2 这三个元素按照下面小表的例子形成了一个位于第三栏和第四栏之间的过渡的中间栏，即 V 被放在 P 和 As 间，Ti 被放在 V 下面（在 Si 和 Sn 之间），Cr 位于 Ti 下面的硼列。

　　碱土金属从一开始就被包括在牌卦中，不过它们进入牌卦倒不是按照它们的原子量而是按照它们的当量。显然，门捷列夫想再次证实这样的想法：凭借当量是不能为这些元素在表中找到正确的位置的，而要为元素在表中找到正确的位置，就必须使用元素真正的质量即原子量。然而，如果从当量出发，那么"Ca？20"、"Sr？44"和"Ba？68"这三个元素的位置在铜族下面的列里，即 Ca 在 Hg 下，Ba 在 Cu 之下，而 Sr 在它们中间。这是很不相称的（很勉强的）。于是，门捷列夫从铜族的下面勾去了这三个元素，并且在表的边上写道，为了检验它们的原子量，"应该确定 Ca、Ba、Cr 的热容量"。

　　这三个元素的正确位置在什么地方呢？显然，是在碱金属的上面，就像下面的那个小表里所排列的那样。但在 K = 39 的上面已经有 Fe = 56。为了给 Ca 空出一个位置，Fe 必须移到其他位置。门捷列夫正是这样做的，他把 Fe 放在 Ni 和 Co 上面，当时 Ni 和 Co 还在自己原来的位置。现在，K 上面的位置已经空出来，在碱金属上面放 Ca（在 K 上），在 Rb 上放 Sr，在 Cs 上放 Ba。这样处理后，我们所观察的这部分表便与下面那张小表的形式相符了。

　　但是，正如我们所看到的那样，碱金属和碱土金属的靠近是依赖于 Fe 和 Al 的联系实现的，因为 Fe 已被挪到上面。为了力图以某种方式来恢复被破坏的联系，门捷列夫把 Al 挪到上面一列，放在铁的同伴 Ni 和 Co 的同一列。然后，他将 Cr = 52.2 从它原来位于中间栏的 Ti 之下的地方勾掉——那个地方对于 Cr 来说并不是那么合适——而又把它向上搬到第三栏 Ni 和 Co 之上 Fe 之下的地方，以便它同样能靠近铁族。现在也可以把铁族中的另一成员 Mn＝55 包括进来（在 Fe 和 Cr 之间）。但是，即使这样移动，Ni 和 Co 仍旧处于那个并不适合它们的位置上，所以它们很快又被从上面挪了下来。在上面的时候，Ni 和 Co 占一个共同的位置，现在它们被移到了底下，放在 Cu＝63.4 的下面。

图 24 显现了第二组中 13 张牌摆进牌卦的步骤。像前面一样，在边上写的是这组牌的成员。在图的中央用虚线所表示的牌的位置，是门捷列夫起初放那些牌的位置，后来门捷列夫又把它们从这些位置上挪走，用箭头来表示这些牌向新的位置移动的方向。已经在早先就进入牌卦的那些元素牌，在图中用细线来表示；而那些后来被包括进来的牌，则用粗线表示。

图 24 显示了第二组所有的牌在牌卦中摆好以后的状况（除去 Be，它的牌原来是放在第三组）。

在这张表下边的纸上，记录着门捷列夫写的总数为 18 张的没有被足够研究的重元素，这都是一些准备进入牌卦的元素，这样我们能够精确地确定由第二组牌向第三组牌过渡的排列情况。第三组牌的排列，是整个牌卦占时间最长和困难最大的阶段。第一，这组牌中有些元素需要改变原子量；第二，应该用某种方式把这两个族（铂和钯）与已经进入表中的铁族接在一起，铁族虽然已进了表却还没有找到固定的位置。

可以假定 Be 是第三组牌中第一个进入牌卦的元素。起初，Be＝14 被放到 Li 的上面，位于以 Al＝27.4 开头的那一行，门捷列夫已经把它放到下面的那个小表中。但是 Be 在那里的位置显得十分不自然，因为大原子量的元素不是在上面，而是在较轻的元素下面，也就是说 Be＝14 在 B＝11 和 C＝12 下面。

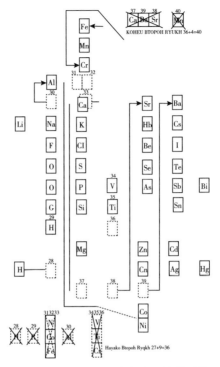

图 24　较少研究过的一些轻金属的排列情况

对于 Be 来说，似乎以 Mg 开头的那行的 B 下面那个空位更为合适，但是要把 Be 摆到这里来就要求它具有这个位置所需要的原子量。而当时公认的 Be = 14 和这个位置是不相称的，它的原子量显得太大，莫非 Be 的原子量算错了？如何来检查这个原子量是否正确呢？

　　需要更准确地弄清楚 Be 的化学相似性。当门捷列夫把 Be 放到以 Al 开头的那一行中去的时候，他认定 Be 是三原子的元素。而如果把 Be 放到 Mg 的那一行之中，Be 又会被认为是双原子元素。但从 Be 的氧化物 BeO 的化学式来看，Be 的原子

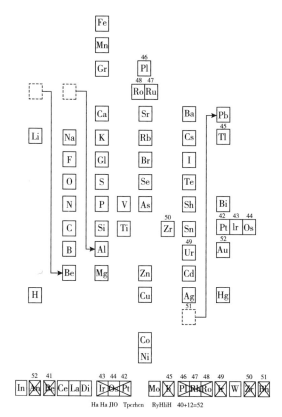

图 25 部分较少被研究的重元素排列情况

量将等于 9.4，这个原子量恰好适合 Mg 前面的位置。门捷列
夫迅速进行了核算，在 Li 上面勾去了 Be = 14，而在 B 下面写
上了 Be = 9.4。于是，Be 这张牌被挪到了新的地方，直到牌卦
结束位置都未变动过。

把 Be 从它原先的位置上刚一移开，土金属的全族立刻土
崩瓦解：Fe 早就被拿走了，接着 Be 也被拿走了，结果只留下
了孤零零的 Al，最终 Al 的位置也变得越来越不自然。因为

Al = 27.4 不是放在 Mg = 24 上面，反而要放在 Mg 下面。其实，B 的那一行的 Si 和 Mg 之间（沿垂直方向）的空位，对于 Al 来说是最合适不过的。于是，门捷列夫便把 Al 移到这里。而在 B 的同一行中放上 Au（在 Hg 的上面），并在相邻的那一栏的 Sn 和 Cd 之间的空位上放上 Ur。但 Ur 的原子量当时被认为是 120，在重新确定铀的原子量不是 120 而是 116 之后，门捷列夫把 Ur 放在 Sn = 118 和 Cd = 112 之间。这一步，正如后来弄清楚的那样，他的工作做得不够精确。

接着，铂族和钯族也被放进牌卦。由于铂的四原子性，正像底下的那个小表中所表示的那样，铂族被放进碳所在的那一行。他把 Ir = 198 和 Os = 199 置于括号中和 Pt = 197.4 并排放在一起。钯族占了锶（Sr）上面的位置。Pl 的两个伙伴（铑和钌）Ro = Ru = 104.4，按照相似性，应该在 Sr = 87.6 的上面，正如早先在 Ca = 40 的上面相邻的栏中放 Ni = Co = 58.3。在 Ro 和 Ru 的上面放着 Pl = 106.6。结果，这三个彼此之间有着内部联系的族 Fe、Pt 和 Pl 便成了放在表的不同末端的互不联系的元素。这样一来，让人对这种排法的正确性不能不产生怀疑。

但是，还有一些元素是应该排列进去的，其中包括铅（Pb）和铊（Tl）。起初，门捷列夫根据 Pb 的当量把它放在早先暂时放碱土金属的那一行中，而现在"Pb？103"落到了 Ag = 108 的下面。但 Pb 的位置在这里明显不对，特别是在双原子的 Ca、Sr 和 Ba 被搬到上面并放到碱金属之上以后就显得更不相称了。由于认为 Pb 也是双原子的金属，于是门捷列夫根据 Pb 的原子量（Pb = 207），把 Pb 放到碱金属那一行的 Ba = 137 后面。Pb 下边的位置划给铊，因为铊当时被认定为单原子的金属。结果，Tl = 204 被放到单原子金属的那行里（碱金属的行）。在 C 那一行的 Ti 和 Sn 之间，门捷列夫摆上了锆（Zr）。在上面的那个小表中锆已经很接近这个位置，在那里锆被摆在砷（As）的下面。

　　每当从第三组中拿出一张新牌的时候，门捷列夫就从下面的那组还没有进入牌卦的元素清单中勾去这张牌。在第三组牌的第一部分排完之后，还剩下 6 个元素——铟（In）、铈（Ce）及它们的伙伴镝（Di）、镧（La）、钼（Mo）和钨（W）没有进入牌卦。牌卦的这一情况如图 25 所示。

　　现在，门捷列夫的注意力集中于这三个元素族（Fe、Pt 和 Pl）。这三个族现在的摆法似乎是彼此完全无关的，但元素系统应该反映它们之间的相互关系。怎样才能使它们接近呢？在它们的成员似乎在表中不同的边上找到自己的位置之后，怎样再把它们集中到表内的一个地方来呢？显然，这时门捷列夫产生了一个想法：先把这三个族的元素拿出来，让它们彼此靠近并与别的元素分开，然后为这三个族的元素在表中找一个共同的位置。门捷列夫这样做了，先是将这三个族的元素（包括铁族中的 Mn 和 Cr）从它们的位置上取出，然后在表下面另制了一个由 11 个金属元素组成的特殊的局部的小表。

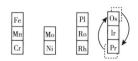

图 26　由三个族的元素所组成的一张局部的小表

　　后来，门捷列夫发现，如果运动自上而下，那么铂族中的元素就不是按照原子量的减少而是按照原子量的增加来排列的，于是门捷列夫用两个粗线箭头把这个排列纠正成相反的顺序。

在不破坏这三族元素相关性的条件下，怎样才能把这个局部的小表包括进主表之中？应把它放到主表中的什么地方呢？显然，像从前一样把 Co＝58.8 放在 Cu＝63.4 下面是合适的，在 Co 之下还像以前那样放上 Ni＝58.8，在 Ni＝58.8 下面放上 Fe＝56，接着在 Fe＝56 下面放上 Mn＝55，在 Mn 之下放 Cr＝52.2。这样全部铁族元素就被放到一起。而在相邻栏中 Ag＝108 下面，自然地放上 Pl＝106.6，这样做还保持了 Pl 与 Co 的联系，即 Pl 和 Co 在一行。在 Pl 之下放 Ro＝104.4（与 Ni 在同一行）和 Ru＝104.4（与 Fe 在同一行）。而铂族则比较成功地包括在下述的栏中，即 Hg＝200 下面是 Os＝199，在 Os 之下是 Ir＝198（和 Ni 及 Ro 同行）和 Pt＝197.4（在 Fe 和 Ru 的同一行中）。这样一来，三个族的全部的小表就被有机地概括进主表（图 27）。

这时还弄清了一个重要的情况：铁族比其余的两个族要长。因此，在和铁族相邻的栏中显露了一些空位。门捷列夫毫不迟疑地利用了这种情况，他在 Ru 之下对着 Mn 的地方放上铈族——Di、La 和 Ce。为了测定能够占据 Ti 和 Zr 之间的空位元素的原子量，门捷列夫在表的旁边写上了由 C 到 Sn 的一族元素。写在左边的计算结果表明，一个未知的元素的原子量大约为 72，即 "X＝72"。In 的当量为 36（也可能是 37.8），所以根据 InO 的分子式，马上就得出 In＝72。但是，按照性质排列，In 无论如何都不能放进 C 所在的那一列。况且，在表的下面那部分，Ru 之下的空位已经被铈族占满。

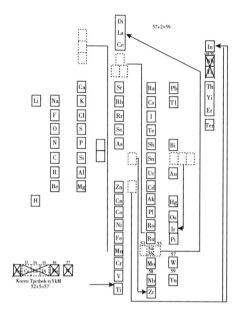

图 27 很少被研究的元素的排列情况

　　然而，下面的元素清单中还剩下两个金属 Mo＝96 和 Wo＝184（不久 184 被修正为 186）未被排入表中。它们明显是一个自然组的成员，当把 Mo＝96 紧接在 Ru＝104.4 之后，Wo＝184 接在 Os＝199 之后，才发现这两个元素应该是与 Cr 同在一行并且与它是完全同族的元素。但是，为了把它们两个放到这个地方，必须挪走显然是误放在这里的铈族。门捷列夫是这样做的，他把铈族挪到表的最上边，即早些时候放 Pl 的地方。现在 Mo 就可以在 Cr 那一行中占两个位置。这样，第三组中还没有进表的元素只剩下 In，门捷列夫打算把铟（In＝72？）放到 Be 所在的那一行（放在 Zn 和 Cd 之间），但是没有成功。于是他把 In 从牌卦中勾去，放到第四组。

　　在牌卦这个阶段的最后，门捷列夫撤销了两个过渡的栏，他把 V、Ti（从第一栏中）和 Zn（从第二栏中）挪到表的底下增补的部分。这时 V = 51 很自然地放在了 Cr = 52 的下面，Ti = 50 自然地放在了 V 的下面，Zr 作为 Ti 的完全类似元素，放在 Ti 的那一行 Mo 下边的位置上（隔一行）。这样，便发现 V 这一行有两个空位，一个位于 Mo 和 Zr 之间，另一个在 Wo 的下面。

表的左上角的边上记着第四组元素，这些都是很少被研究的元素，它们的原子量和氧化物的分子式都是很可疑的。包括第三组中留下来的铟（In），总共七个元素。它们里面的"Nb = 94？"和 Ta = 182 立刻在 V 行中找到了自己的位置：Nb 在 Mo 之下，Ta 在 Wo 之下（见图 25）。

铽被从组中剔除，因为这个元素"按本生的意见是不存在的"（Не су по 6）。那么总共还剩下四个元素——"还未进牌卦的 In、Er、Th、Yt"，门捷列夫把它们写在表的下面。他在那里将它们组成了一个小栏——Yt 61.6、Er 65.3 和 Th，然后把"Yt 60？"和"Er 56？"摆在 Ca 的上面，而把"Th = 118？"摆在 Di 的上面，即表的最上面（见图 28）。

这样只剩下铟（In），门捷列夫又核对了它的原子量，把它的原子量由 72 修正为 75.6（把当量算大一些），打算把 In = 75.6 放到硼族中（放在 Zn = 65.2 的上面）。由于看到这样做不太适当，于是他又把 In 放在 Er 之上，几乎对着 Th，放在表的最上边（见图 28）。

这样，牌卦便宣告完成。它的最后形式如图 28 所示。门捷列夫用药房常用的符号"#"来表示牌卦的完成，这个符号的意思是"处方所记事项完毕"。

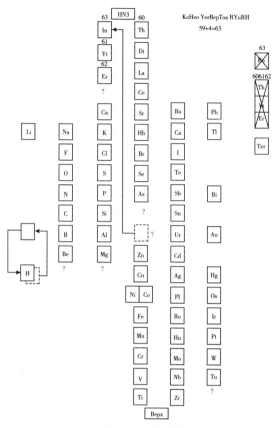

图28　完成的牌阵

第三节　成果的整理

　　极度疲倦的门捷列夫在沙发上躺了下来，马上就打起盹来。但是他在梦中仍然继续着方才的工作，只是现在这项工作和一些在梦中见到的令人焦虑不安的东西在脑海中同时出现罢了。带有元素符号和原子量的牌在闪现，这些牌被排成行和分成族，刚刚排列完的那张表又一次浮现。但这个表读起来很不方便，因为它把大原子量的元素排在上面，而把小原子量的元素排在下面。那么要彻底研究元素按原子量增加（而不是按原子量的减少）的排列情况，就得自下而上地读这张表。这时候，在他梦中突然出现了按相反顺序写成的一张元素表，表中的元素是自上而下根据原子量的增加排列的。在牌卦结束的时候，门捷列夫已经预见到这样的排列顺序是可能的。当时他发现，钯族元素——$Pt = 197.4$，$Ir = 198$，$Os = 199$ 是按照它们的原子量的增加排列在表中的，当时他画了一个半圆形箭头，把这个顺序倒了过来（见图26）。现在它们的排列形式便和整个表的排列形式一样了。

上述情形我们可以在银幕上清楚地看到，门捷列夫在梦中看见了自己排列成牌卦的牌（见图26）。为仔细研究牌卦中元素的排列情况，就得由第一栏的下端开始向上，达到第一栏的顶端时立即跳到第二栏的下端，重新自下而上地进行，以此类推。这样的做法非常不方便，也使人很不习惯。须知，人们无论什么时候都不会这样来排列那些连续变化的数字。不但如此，这样的排法还会掩盖已经暴露的规律性：化学元素的性质随着它们原子量的增加发生周期性的变化。

怎么办呢？可以设想，门捷列夫在梦中也思考着这个问题。

突然，牌卦中的牌在一瞬间又重新组合在一起，在门捷列夫的眼前出现了一张好像是按相反的顺序重新抄写过的表，这个表中的所有元素是严格地按照它们的原子量的增加顺序来排列的。所以，原先牌卦的下方，现在变成了上方；而原先牌卦的上边，现在却变成了下边。门捷列夫这时一下子跳了起来，立即把自己牌卦的草稿表重新抄写成他梦见的那个表的形式。在重抄过程中，门捷列夫在一些空位上打了问号，同时也写上了将来应该占据这个位置的未知元素的预测原子量。这些元素是类硼（钪）"？＝45"（在 Ca 的下面）、类铝（镓）"？＝68"（在 Al 和 Ur 之间）、类硅（锗）"？＝70"（在 Si 和 Sn 之间）、类锆"？＝180"（在 Ta 之上）。他还预言了 H ~ Cu 行内两个未知的元素："？＝8"（在 Be 之上）和"？＝22"（在 Mg 之上），不过对于后面两个元素的预言他并没有根据。

图29　完全誊清的元素表

　　然后，他为这个表起了名字——《根据元素的原子量和化学的相似性来建立化学元素系统的刍议》，又在表的边上为印刷厂的排印做了一些记号，在表的底下注明了发现的日期——"1869 年 2 月 17 日"，并把它寄往印刷厂。

　　到干酪制造厂去的时间暂时延后，一直到为俄国化学协会杂志写的关于自己发现的论文完成。因为写这篇文章要占用多长的时间，事先还很难说。但门捷列夫立刻坐下来开始写了。

　　这时银幕上又出现了一页一页日历的镜头：从 1869 年 2 月 17 日那天开始，一张接一张地往后翻，直到 3 月 1 日。这时文章已写好。在这段时间里门捷列夫写了很多页的文章，编制了大量的元素表，这些都出现在银幕上，但这些镜头可以不必放大详细介绍。

　　解说员可以从中选一张表讲解它是怎样由《元素系统刍议》中的内容形成的（此表如图 30 所示），全部七个很少被研究的元素和氢元素一起暂时被勾去。表本身被分为两个部分：上面的那个表包括了所有位于碱金属上面的那些元素，而下面的那个表是由两个元素族——碱金属和碱土金属组成的。每一行的上面几段被摆在下面几段的相应的元素成员的下面，如 Be = 9.4 及跟在 Be 后面的元素放在 Li 下面，Mg = 24 以及跟在它后面的那些元素位于 Na 下面；下一段最顶上的从 Ti 开头直到 Ni 和 Co 的部分在 Ca 下面，这一段的下面部分（由 Cu 到 Br）放在以 K 开头的栏和以 Bb 开头的栏之间。结果，表的第一行（成双行的）的形式如图 31 所示。

Li = 7	K = 39	Rb = 85.4	Cs = 133	Tl = 204
Na = 23	Cu = 63.4	Ag = 108	?	

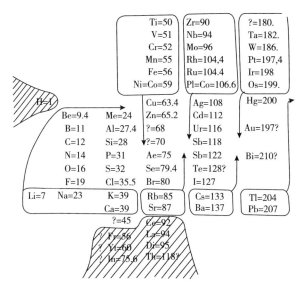

图 30　由长表向短表过渡时元素重新排列情况（1869 年 2 月底）

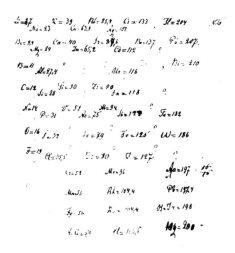

图 31　成双行的元素（1869 年 2 月底）

　　元素被排成了双行，便构成了一些混合的族。在混合的族中，由元素 K 开始的完全的同族元素被不完全的同族元素代替。这样做似乎又恢复到表的那种形式：在基本栏的中间有两个过渡性的由 Ti 和 Zr 开头的栏。

　　最后的一段情节是这样的，在《元素系统刍议》一文的校样中，门捷列夫从 H ~ Cu 的那一行中勾去了预言的两个元素"？ = 8"和"？ = 22"（见图 3）。

　　结尾是门捷列夫和伊诺斯特兰采夫检查这个校样。门捷列夫在讲述他是如何在梦中看到自己的那张被整齐抄写好的表，其中元素恰好是按所需要的那样排列的，再后来（这时门捷列夫指着那张表的校样）他只是在这张表中的一个地方（他指着两个被勾掉的预言的元素）进行了必要的修正。

　　圣彼得堡尼古拉车站，季米特里·伊凡诺维奇·门捷列夫坐在车厢中，他终于出发前往特维尔省视察干酪制造厂了。火车开动了，并慢慢地消失在远方。银幕上出现了一些模糊不清的带有元素符号和数字的草稿表，然后出现的是一副散开的纸牌。这个镜头一出现便立刻消失了。接着出现的是牛奶场的画面：过滤池及干酪制造厂的一些其他设备。远处又出现了火车，车厢里坐着刚刚完成伟大发现的科学家。火车消失了，银幕上出现了符号"#"，开始很小很小，之后越来越大，最后变成了元素表里的方格。门捷列夫亲手在格子里写上"？ =

68", 在上面写上 "Al = 27.4", 在下面写上 "Ur = 116"。这一天是 1869 年 2 月 17 日。在风的吹动下, 日历一页又一页地翻过, 一直翻到 1870 年。在有问号的地方出现了符号 "Ea", 在 Ur 的位置上出现了 "In = 113"（粗体字的符号）。日历继续往下翻, 直到 1875 年 11 月 1 日, 同样的粗体字符号 "Ea" 被符号 "Ca" 掩盖, 数字 "68" 被 "69" 掩盖。门捷列夫周期律的象征固定在银幕上。

第十一章　勋业的纪念

在总结门捷列夫的全部科学活动的主要成果和论及他的创造活动的最高峰的时候，恩格斯写道："门得列耶夫不自觉地应用黑格尔的量转化为质的规律，完成了科学上的一个勋业，这个勋业可以和勒维烈计算尚未知道的行星海王星的轨道的勋业居于同等地位。"[①] 周期律的发现和根据周期律所做出的预言这两件事使门捷列夫跻身世界最伟大科学家的前列。他的科学勋业还继续留在我们同代人的心里并融入智慧中，正是我们这些人于 1969 年为这史无前例的规律发现 100 周年举行了庆祝活动。由于这位伟大的科学家的生活丰富多彩、活动范围十分广泛，这个纪念活动涉及面非常广。在结尾的这一章里，我们打算介绍纪念活动的某些方面。

第一节　一脉相承

门捷列夫写给圣彼得堡的化学家们的一封信的故事是很有意义的。这封信似乎成了这位伟大的俄国科学家和他的新一代

---

① 　恩格斯：《自然辩证法》，第 51～52 页。

继承者——俄国和苏联化学家之间联系的象征。

门捷列夫，作为一个人、一个公民和一个科学家，他的最伟大人格的特征就是对科学和祖国的热爱和忠诚。每当人们给予他科学上的荣誉称号的时候，他总是说，荣誉固然是很重要的，但这并不是他个人的光荣，而是俄国人民和俄国的荣誉。门捷列夫认为，为科学和祖国忠诚地服务，是科学家最优秀的传统。他常说："播下的科学种子发芽后，将成为人民的收获。"

门捷列夫特别关心并丰富他对俄国科学所做的贡献。

1907年门捷列夫去世之后，俄国科学家就立刻提出了继承门捷列夫的科学传统的问题。当时决定定期举行门捷列夫代表大会。第一届门捷列夫代表大会于1908年在圣彼得堡召开，门捷列夫的学生 B. E. 季辛科在会上第一次宣读了我们刚才提到的那封信（见图32）。

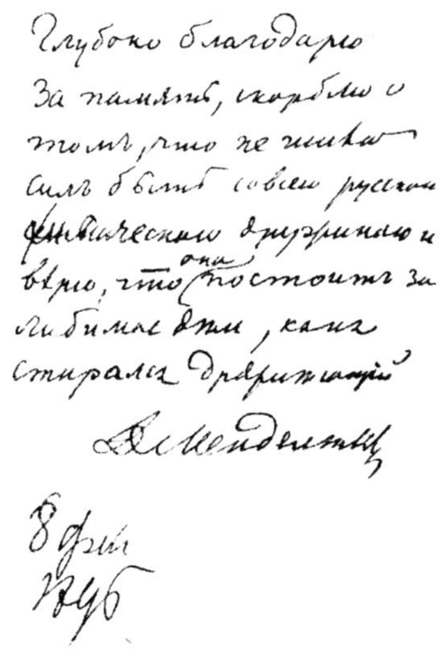

图32 门捷列夫给圣彼得堡化学家们的信

季辛科说："仁慈的父亲是不会不给他的孩子留下遗嘱的，门捷列夫在自己的著作中为所有的人留下了最为丰富的精神遗产和大量的遗教。早在 12 年以前，门捷列夫就把一个特别的遗教给了我们，给了他自己的孩子和科学上的继承人。谁若是忘记了这个遗教，那就请他回想一下；谁若是不知道，那就请他一定设法知道。这件事发生在 1896 年 2 月 8 日，一部分化学家聚集在一起开会庆祝我们大学成立一周年，他们给自己的老师发去了一份贺词，贺词发出不久就收到了门捷列夫的回信：

> 深深地感谢你们对我的惦念，使我难过的是我现在不能和全体俄国的化学卫队在一起，但我相信，我们的化学卫队一定会像我这个老头子过去所力求做到的那样，坚决地捍卫我们可爱的事业。
>
> Д. 门捷列夫

在读完这封信之后，季辛科用下面的话结束了演讲："门捷列夫虽死犹生，正是他在这里召集了俄国的化学卫队。"[1]

14 年后，即 1922 年 5 月，在圣彼得堡召开的第三届门捷列夫代表大会的开幕式上，科学院院士 H. C. 库尔纳科夫在开幕词中再次宣读了这封信。[2] 这是十月革命胜利后第一次化学科学代表大会。

H. C. 库尔纳科夫于 1941 年去世后，这封信的原件被保存在他所存的文献中，信封上有他用铅笔写的亲笔题字："门捷

---

[1] 第一届门捷列夫代表大会文集，1909，第 32 页。
[2] 第三届门捷列夫代表大会文集，1923。

列夫的信。H. C. 库尔纳科夫。交 B. E. 季辛科转送给门捷列
夫存书处收藏。"

1946 年底，库尔纳科夫的遗孀库尔纳科娃把信的原件交
给了我。作为一个化学史家，我把这封信拍照之后马上送给苏
联科学院院长 C. N. 瓦维洛夫院士，他又把这封信转赠给了科
学院档案馆列宁格勒分馆。① 当时，我把这封信的复制件加上
注释发表了。但在这封信发表之前，于 1947 年 1 月 20 日门捷
列夫逝世 40 周年纪念日前夕，我把这封信的影印件分发给一
些苏联化学家，并请他们把自己当天由这封信所引起的看法和
感受告诉我。我收到的一些回信表明，现代化学家的思想趋向
和门捷列夫信中反映出来的感情之间有着血肉关系。这封信在
那些与我们的科学利益很一致和对科学的过去十分珍惜、有高
度评价的人们心中引起了强烈的反响，并使他们更加珍惜、更
加热爱和了解它。

我们现在按时间的先后顺序来援引这些回信。

1947 年 1 月 20 日 21 时 30 分 A. H. 涅斯麦亚诺夫院士的
回信：

正当我要动身前往库兹巴斯去会见提名我为苏维埃社
会主义联邦共和国联盟最高苏维埃代表候选人的选民之
际，您的信及门捷列夫信的影印件赶在开车前一个半小时
送到了我的手里。

门捷列夫的信使我非常惊讶，以至于在将要会见选民
的心情影响之下，在考虑对提名我作为一个科学工作者、

---

① 1952 年把门捷列夫的信转赠给列宁格勒大学门捷列夫博物馆，至今尚保
存于此。

化学家为候选人的选民们讲几句话时,我不由自主地想起了这位伟大的西伯利亚人,想起他关于煤和地下煤气化的设想,又出乎意料地收到了他的这种方式的问候。

您说得很对,我,作为一个金属有机化学家,不得不常常思考周期系,往往对它"百感交集"。我的报告《周期律和元素有机化合物》就是这个工作的部分成果,这个报告是一年前我在莫斯科大学作的并刊登在《化学的成就》学报上。在俄国伟大人物的名字中,普希金和列宁对于每个俄国人来说都是感到特别亲近的、亲切的和动听的。对于每一个俄国化学家来说,门捷列夫同样是生动的、有生命力的和亲切的。

要出发了,祝您一切都好。

A. 涅斯麦亚诺夫

1947 年 1 月 28 日 H. Д. 泽林斯基院士的回信:

门捷列夫以感激的心情在答复 1896 年 2 月 8 日发给他的贺词时写道:"我深深地感谢你们对我的惦念,使我难过的是我现在不能和全体俄国的化学卫队在一起,但我相信,我们的化学卫队一定会像我这个老头子过去所力求做到的那样,坚决地捍卫我们可爱的事业。Д. 门捷列夫。"

遵循门捷列夫的遗训,化学卫队正在继续顽强地捍卫我们可爱的事业。在我们这个自由的国度里,化学卫队得到了自由的发展,因而它的队伍在不断扩大。全体苏维埃化学家的相互联系和团结是以两个根本的因素为基础的,这两个因素是:对待自己学科满腔热情和无比热爱,以满腔热情和深思熟虑的态度对待我们时代伟大的政治进展。

对全体人民来说，真理和正义是以国家制度为基础的，科学和国家制度彼此结合在一起，就代表着我们国家的力量和强大。

如果门捷列夫现在还和我们在一起的话，那么他该是多么欢迎这种结合啊！Д. И. 门捷列夫不仅是俄国的骄傲，而且也是全世界科学的骄傲！

我们苏维埃的青年，应该防止使自己陷入科学中狭隘的专业小圈子。应该谨慎地遵守《化学原理》，应该研究它，并且从这个化学教育的文献资料中努力汲取认识整个自然界的科学知识。而在整个自然界，化学定律起着高于一切的作用。

H. 泽林斯基

1947 年 1 月 29 日 Б. А. 卡赞斯基院士的回信：

在苏维埃的化学家纪念门捷列夫逝世 40 周年的那些日子里，我们一次又一次地回忆起他的许多主张。使人惊奇的是，这些主张竟和我们的时代、我们的意向、我们的关注和我们的成就是那样地相符。

您不是要我把由门捷列夫这封信所引起的感想告诉您吗？这封信使我再一次想起了他下面的一段话，这些话在战争时期，特别在战后不止一次地被想起："……19 世纪末，虽说在世界范围内和平相处的局面和各种国际交往占明显的优势，但仍然在公开准备进行战争。这一点从他们做出各种努力去制造炸药就能说明。同时，这主要不仅取决于欧洲与亚洲、非洲民族的不同，而且取决于一些国家如德国、英国、日本、中国等国的人口密度太大（太拥挤）。这就使它们期望 20 世纪有许多大规模的残酷战争，1904～1905 年的日俄战争就是一例。俄国作为一个人口稀少和横跨欧亚大陆的国家，在这一方面必然是特别敏感，同时俄国的和平成就应当对全世界人民友好相处这个令人满意的时代产生更大的影响，而这个时代已经来到，不管其种族不同和历史各异。出路仅在于使我们的各种进步占优势和内部团结，这一团结依靠建立强有力的最高政权和提高人们富有同情心的社会觉悟。为此，首先需要广泛普及教育和全面发展工业。因为只有借助于它们，公共的利益——国家利益和全人类的利益才能战胜自私自利。"（《化学原理》第八版，1906，第 510 页）

门捷列夫是多么有先见之明，每当人们读到它的时候，往往会忘记我们这代人和门捷列夫在世界观上的差异。仿佛门捷列夫的这些话是出自一位最近几年刚发生的事件的目击者之口。

请原谅，我没有完全回答您在信中提出的问题。但是上面援引的那段话始终使我惊奇和激动，而我不由自主地记住了它。

E. 卡赞斯基

И. И. 切尔尼亚也夫院士 1947 年 2 月 18 日的回信：

非常感谢您提醒我对 Д. И. 门捷列夫著名便函的回忆。这个便函应该属于历史文献，对这一文献的回忆在任何情况下都是有益的。这里仅指出门捷列夫在化学发展史上所起的作用中的一件小事，它始终使我惊叹不已。这一点在《化学原理》《水溶液的研究》和其他一些著作中都隐隐约约地显露出来。在这张便函中也是如此。他把其他化学家都誉为"卫队",即勇士的总称,而门捷列夫自称衰老的老人,"力求"推动这"可爱的事业"。至于这个力求的结果是什么,他未做解释。在其他一些天才人物(如牛顿和范特荷甫①)的思想中我们也碰到过贬低自己功绩的类似的情况。

大概不能把这个特点说成是向人们惺惺作态或者是某种性格上的特性吧。当然,这一特征是以其他原因为条件的。像门捷列夫这样的人,他们的贡献很大,而且完全清楚还有更多的事要做。而将来的事业必定包含着更大和更有益的成就。我想,门捷列夫在便函中的谦虚并不是对自己的成就估计不足,而是在便函中及时对事业的现实处境做出了很清醒的分析,这正反映了门捷列夫对未来科学的发展深信不疑。与科学将来的发展相比,我们今天无论有多么光辉的成就,但就其成果来说,仍然是微不足道的。

今天,在有关自然界过程的本质的各种概念都发生深刻变化的时候,只有乐观主义才能帮助科学工作者改变对精确实验工作的漠不关心的态度。正是这些实验工作能够为将来新的和更加美好的化学打好基础。

И. И. 切尔尼亚也夫

С. И. 沃利弗科维奇院士 1947 年 2 月 23 日的信:

您附有门捷列夫手稿复制件的信已收悉。在手稿中,门捷列夫希望俄国的化学家同心协力"捍卫可爱的事

_____

① 范特荷甫(Vant Hoff, 1852 – 1911),又译范霍夫,荷兰物理化学家。

业"，像他本人所力求做到的那样。

关于这一点我能说些什么呢？我只能回忆一些与此有关的往事。

门捷列夫去世的时候，我只是一个三年级的中学生。我从来没有见过他，也从未听过他的讲话，但是我总觉得非常清楚地听过他的讲话。而且，我感觉到他是活着的同时代人，他作品中的论断听起来非常有力。我常常把门捷列夫的书、论文和手稿作为能更好地满足我渴求知识的源泉，并从中立刻得到忠告和方向性的指示。古代有一个叫塞内加的哲人，他把人分成两种类型：虽生犹死的人和虽死犹生的人。显然，门捷列夫属于后者。他虽死犹生，并且他的话听起来是那样有力，并在群众中广为流传。而门捷列夫智慧的形象（新思想的创建者和战士）使我们这一代人感到特别亲切。

假如门捷列夫现在还活着，那么毫无疑问他会完全和我们这些社会主义建设者站在一起。他也一定会站在科学技术进步和国民经济化学化的最前列。他一定会坚决地反对墨守成规，不屈不挠地为我们祖国的强大和独立而斗争。他也一定会像我们，像十月革命时代这一辈的苏维埃化学家代表在今天捍卫化学化、先进的化学工业和化学文化建设那样来捍卫"可爱的事业"。

有多少门捷列夫的建议今天已被实现！又有多少个门捷列夫的预言今天应验！应该继续深入研究门捷列夫的遗产，不仅要尽快出版门捷列夫科学著作全集，而且也要尽快出版他的手稿、报告、书信以及他私人的其他的一些宝贵的文献。因为全集的出版，特别是化学、经济学及其他方面著作的出版是一件长期的工作，如果可能的话，那么先出版门捷列夫关于技术、经济和哲学方面的选集是比较合适的。

周期律以及门捷列夫的其他一系列科学发现和成就，连同那些他发起的建议，现在都应该被用为化学技术领域不同科学学科的发展服务，特别是为改进化学工艺、发展化学教育、推动工业及农业的化学化服务。

在最近的几年里，我打算放下其他的工作，而在周期律的基础上来研究化工制造过程的分类和详细探讨新的生产过程等问题。

C. 沃利弗科维奇

C. A. 舒卡列夫教授 1947 年 3 月 10 日的回信：

我收到门捷列夫信的复制件已经很久了。因为很忙，直到现在还没能满足您的愿望，未对您寄给我的周期律的伟大发现者的话给予回答。

不久以前，我被邀请到少年宫做关于纪念门捷列夫逝世 40 周年的讲演。那天在动身时，我急忙中偶然地把您寄给我的门捷列夫信的复制件放进了皮包。由于那天整天都很忙，甚至不能分出时间，哪怕是很少一点儿时间来考虑向学生们讲些什么。就是在去少年宫的路上，我也没有考虑眼前的讲演，而想的更多的是大学里的事。但是，当我一走上少年宫的大理石台阶，我的心情立即变了样，因为我碰到了一个出乎意料的特别隆重的和充满孩子们的分外热情的场面。我开始明白，这一定是纪念门捷列夫的讲演的通知，以某种特有的方式把学生们发动了起来，在台阶上站着手拿红旗的小哨兵，他们表情严肃，一动不动。能容纳 300 多人的教室已经坐得满满的。另外，还有几乎同等数量的学生在旁听。

当我看到年轻的听众以极强的注意力来领会我那没有准备得很充分的讲话，并受到与会者的真诚欢迎时，我感到非常幸福。在讲到一半的时候，我想到了门捷列夫这封信的复制件，并决定将它拿出来给年轻的听众传阅，我想孩子们一定会以极大的兴趣来欣赏门捷列夫的手迹。于是，我把它用通常的语调读了一遍就传了下去。我接着讲元素周期系，但很快就发现听众开始交头接耳，窃窃私语，目光闪烁。我立刻就明白了，原因倒不在于门捷列夫的手迹，而是在于门捷列夫的话。这些话，显然说到这些年轻人的心坎里去了。当这张复印信纸回到我手中的时候，我又一次仔细地看了一遍，并把门捷列夫的话默默地读了一遍："我深深地感谢你们对我的惦念，使我难过的是我现在不能和全体俄国的化学卫队在一起，但我相信，我们的化学卫队一定会像我这个老头子过去所力求做到的那样，坚决地捍卫我们可爱的事业。Д. 门捷列夫。"

您请我写信告诉您门捷列夫的信引发的一些想法。我想，即使不用再说，您也可以理解我的想法了。显然，我的想法和那些读过门捷列夫为未来一代所写的亲笔信手迹的孩子们流露出的心情是相吻合的。当时在教室里我能够想象到小伙子们和姑娘们美好的志向，这些年轻人，还只是刚刚准备走上独立生活道路，就已经向往着为"捍卫可爱的事业"献出自己的一生。

当时，我还想起了另一个类似的情景，在富丽堂皇的普希金公园，在诗人的纪念碑前，有一小队从远方来的共青团员，他们一动也不动地站在那里，目不转睛地注视着纪念碑上的题词："您好，不相识的年轻一代！"

人民的力量是伟大的，我们祖国的未来是光明的，只要她的孩子们善于以这样发自内心的激情来说出自己所受的伟大先驱的教导！

C. A. 舒卡列夫

……这些信说明了什么呢？难道不正是说明了门捷列夫所捍卫的科学的传统在过去、现在和将来都必将活在他可爱事业的继承人的心中吗？

在这些信里，贯穿着一个基本的信念：如果门捷列夫活到今天，他必将与正在建设新社会的苏维埃一代新人完全站在一起。在新社会，科学是最受人尊敬的。而科学的优秀传统则因人民和科学的利益被珍重地保持和发扬光大。

从写这些信的时候到现在，已经过了20多年。这些信的作者有的已经去世，如 H. Д. 泽林斯基院士和 И. И. 切尔尼亚也夫院士。他们的思想对现在更加年轻的一代化学家的影响，就如同过去某个时候门捷列夫的信对他们产生的影响。虽然过去了那么长的时间，但是对于门捷列夫的信，苏维埃科学家产生的那些信念和感情，我们今天仍然可以直接和鲜明地领会到。正因为如此，尽管一代代科学家前仆后继，但他们为之献出毕生精力和满腔热情的事业不仍然是朝气蓬勃的吗？对于新的一代又一代的真理探索者来说，难道不仍旧是永远具有吸引力的吗？

第二节　为发现建立纪念碑的设想

　　世界上有各种各样的纪念碑。许多国家都为政治家、军事统帅、科学家、作家、音乐家、艺术家以及发明家建立了纪念碑。在这些纪念碑中，有的处于静止状态，展现岿然不动的英雄们的形象。也有些纪念碑是有很多动作的，仿佛展现着运动的某一瞬间。在列宁格勒法尔康纳为彼得一世设计的纪念碑就是这样的，彼得一世被塑造为跨马腾空的骑士。

　　还有一些是为纪念具有历史意义的日子和事件而建造的宏伟的雕像。有一个纪念碑动作多得令人惊奇，主要反映的是日俄战争中"斯捷列古西号"驱逐舰沉没时的场面。它矗立在列宁格勒城的一面，永远鲜明地展现着两个俄罗斯水兵的功勋。

　　有些纪念碑是象征性的，体现着某种社会力量和友好关系，它们之中同样有静态的和有很多动作的。例如，伦敦宏伟的阿尔伯特亲王（维多利亚女王的丈夫）纪念碑就属于第一种：阿尔伯特亲王雕像女墙的四角是四座静止不动的雕像。与此相反，矗立在莫斯科苏联国民经济成就展览馆对面的工人和女庄员塑像出自穆希娜之手，它是有很多动作的。其中有多少生动的表情和栩栩如生的动作！它好像在证实某个人的见解：雕像与建筑一样，是凝固的音乐。

　　瑞士首都伯尔尼市国会大厦旁边，是万国邮政联盟纪念碑，主体是浮在云彩上的地球，在地球的周围，各大陆的人们组成了一个生动的圆圈，人们正手把手地传递着邮政信件。这便给人一种印象——信件确实是在环绕地球飞行。我小的时候在伯尔尼住过，也去参观过为这个联盟设计的各种各样的纪念碑模型展览。现在我还记得其中一个模型是特别讲究的，类似于伦敦的阿尔伯特亲王纪念碑。但是，评审小组仍然选出了这个有许多动作的纪念碑，用人们之间生动的来往象征全世界各国人民的邮政联系。

纪念碑不仅是为人和事件建立的。在科尔图什这个地方，根据 И. П. 巴甫洛夫的建议，为科学研究的对象——狗建立了一个著名的纪念碑。有些纪念碑是献给文学艺术作品中的主人公的，如大仲马、克雷洛夫、果戈理和其他一些作家作品中的主人公。果戈理纪念碑在莫斯科的老城，克雷洛夫纪念碑在列宁格勒的"夏园"。这两个纪念碑是如此传神地把这些作家作品中的人物包括在自己的构图之中，以至于很难判定这些塑像到底是为谁建立，是为作品的创造者还是为作品中的主人公。为一些作曲家所建立的纪念碑的构思也是这样的，如莫斯科的柴可夫斯基纪念碑，斯摩棱斯克的格林卡纪念碑。在这两个纪念碑中，把乐谱的花体字编织在纪念碑的围墙上，以此来强调伟大作曲家的音乐创作的特征。华沙的绍宾纪念碑是多么生动啊！这个纪念碑被刻在一块黑色的巨石上……

一般来说，为科学家建立纪念碑，应该力求展现他们充满智慧的紧张工作的情态。这些纪念碑中较好的要数罗丹的"思想者"。整个塑像尽管强调的是整个轮廓的不动性，但它还是出色地呈现了人聚精会神思考时的紧张情态。摆在我们面前的是一块没有生命的死的石头，塑像却使我们感到这里发生了思维的过程，我们所看到的那个人正在思考着某个我们所不知道的问题。然而，只要我们知道这个或那个科学家的著作和发现，那么我们终究可以猜想到这个科学家可能正在思考什么问题。

　　但在各国为科学家建立的纪念碑中，过去和现在都没有这样的纪念碑，它展现的不是平常的一位正在思考和解决某个科学问题的科学家，而是这位科学家的思维、思想和发现的内容，就像为文艺作品中的主人公建立的那些纪念碑。在莫斯科的尼基塔大门旁，为 K. A. 季米里亚泽夫建立了一个纪念碑：科学家挺直身子，站在那里沉思，塑像的底座上刻着他的著名的叶绿素吸收太阳能的曲线。但这只是把科学家的形象和他科学活动的一个成果进行纯外部的比较。无论在哪里，都还没有为科学发现建立纪念碑。

　　但这是可以理解的，塑造真实的人、描绘具体的事件甚至用曲线和数学或化学公式的形式来表现科学发现的成果，比把这些静止的形象变成有很多动作的形象，比在"凝固的音乐"的形式中反映科学发现的过程和新真理的探索过程要容易得多。而定律由于本身没有感性的物质，所以很难描绘和塑造，更何况这里需要描绘的甚至不是定律本身，而是对定律的寻找、对定律的认识以及对定律的发现。

　　然而，我们认为，在涉及周期律这一特殊具体的情况下，为周期律的发现塑像至少是可能的，因为已经为门捷列夫建造了一些静态的塑像。例如，在莫斯科的列宁山上，有门捷列夫坐在安乐椅上的塑像。而在莫斯科大学主楼前的女墙上，在其他许许多多科学家的半身塑像中，也有门捷列夫；列宁图书馆的墙上刻着世界各国许多科学家和哲学家的头像，门捷列夫是其中之一。在列宁格勒，在过去的度量衡局旁边，还有一个表示元素周期系的用生铁铸成的元素表雕塑。

　　但是，这些塑像中没有一个能为我们呈现科学家思维活动的情态，我们"听不到"他说话的声音，就像我们在瞻仰列维坦《傍晚钟声》造像的时候仿佛能"听到"微微的钟声那样。

A. E. 费尔斯曼曾提出一个建造元素周期系纪念碑的设想：一座环绕着螺旋状梯子的圆锥形的塔。观众从观察它的梯子的第一阶——氢（H）和它的化合物开始，第二阶是氦（He）及其应用，第三阶是锂（Li），以下几阶依次为铍（Be）、硼（B）、碳（C）、氮（N）、氧（O）、氟（F）、氖（Ne）。氖的这一阶，刚好转到了氦的那一阶的下面，而氖后之钠（Na）位于锂之下，以此类推。这样，沿着这螺旋状梯子开始下降的时候，观众多次绕塔而行。结果也就按照周期表中的元素排列的次序，沿着用以表示元素次序的梯子的台阶一步步走下来。但是，正如我们感觉到的那样，这并不是一个通常所说的纪念碑，它更像是一个化学元素的博物馆，这个博物馆的各个房间是按照周期系中各个元素的位置次序排列的。费尔斯曼的这一方案没有能够实现。

这便产生了一个问题：难道不能从多动作的角度来为门捷列夫的伟大发现建造一座纪念碑吗？如果能完成这个任务，那么就可以用这座纪念碑来再次庆祝我们的同胞发现这一伟大的自然定律 100 周年。

还在 20 世纪 50 年代初，我就产生了建立一座纪念碑的想法。我的这一想法在一定程度上是受苏维埃宪法纪念碑的影响。现在这个绝妙的纪念碑尚未被笨重的尤里·多尔戈鲁基大公雕像代替。

但是，显然不能简单地模仿苏维埃宪法纪念碑。而如果有谁真的要利用它的艺术构思和思想，那么应该是重新改造而且把它用于完全不同的目的。我把有关这个纪念碑的首批草图拿给著名的雕塑家维拉·穆希娜（现已去世）看，她对纪念碑的艺术构思、科学家的动作姿势甚至对我采用新材料的建议（我建议用发亮的透明的玻璃）都颇为满意。但是她对方尖纪念碑和科学家单独站立的姿势这种组合不赞赏。也就是说，对过去构成纪念碑的基础，现在是莫斯科苏联国民经济成就展览馆旁边的齐奥尔科夫斯基和宇宙航行组合纪念碑基础的那种构思，她是不赞同的。

她的批评意见使我继续研究这个草图。我力图做到把科学家的姿势和纪念碑上的其余部件更加有机地结合起来。

当谈到为周期律的发现建造有动作的纪念碑时，我们得首先确定到底要用这个纪念碑表现什么样的思想内容。第一，要反映新的自然定律发现过程的动力学机制和特殊性；第二，要用化学元素周期系反映定律的内容；第三，要反映这位为全世界发现新真理的科学家的精神面貌；第四，要反映这个发现具有国际性，因为全世界的许多科学家都为这一发现做过准备、验证和发展工作。最后一点在那些元素的命名本身也体现了出来，这些元素先被门捷列夫预言，然后在法国、德国、瑞士、丹麦和世界其他一些国家相继被发现，如镓（Ga）、钪（Sc）、锗（Ge）、铪（Hf）等。

那些还没有被雕塑家用于实践但又适合现代建筑的物质，是可以作为这个纪念碑的材料的。在这个纪念碑中，巨大的石块将被新的材料代替，其中包括玻璃和塑料。因此，在这方面，所设计的纪念碑本身就反映了城市建设的新时期。

怎样才能想象那样一个纪念碑呢？元素周期系的形式中反映出来的门捷列夫周期律，意味着非金属元素（以卤素结尾）周期性地代替金属元素（以碱金属开头），而这两类元素的分界是零族的惰性气体。第一批元素的氧化物的水溶液使石蕊试剂变蓝，第二批元素的氧化物的水溶液却能使石蕊试剂变红。氧化物在化学方面越活泼，石蕊试剂的颜色就越鲜艳。从这一点出发，就可以把元素周期系塑造成一条被卷成圆筒的螺旋状的带子，做法如下：一个周期开头的那几格的深蓝色逐渐减弱，而通过一个中间紫色的带有两性的元素的格子后向红色过渡，逐渐到达这一周期结尾的那一格，达到最红。在红、蓝交接处是白色的格子，它代表着惰性气体。这条彩色的螺旋状的带子应该是透过物质内部才能看到的（如透明的大晶体）。这象征着周期律是作为被掩盖的物质及其转化的本质被揭示。纪念碑的中心由一些透明晶体的晶簇组成，其中一块大晶体构成纪念碑的顶尖。在这块中心晶体的内部装上金属格子制成的螺旋，这一螺旋的每一格都标上元素的符号，而且每一格都根据颜色的要求填充磷光或荧光材料。夜晚，在聚光灯的照射下，纪念碑的晶体会发出夺目的光辉，汇织成美丽的夜景。正把晶体方尖碑上黑色外罩揭开的门捷列夫的塑像，就是元素周期律发现过程的象征。外罩并没有完全被揭掉，而只是刚刚被揭开，从而露出自然界之新秘密的一角。门捷列夫的塑像应该完全表现出科学家的热烈紧张和创造入迷的内心世界。门捷列夫看着被他用手拉着的那个外罩是怎样一步步被揭开的，还看着在中央的晶体方尖碑以光芒万丈的彩带形式表示的周期律是怎样逐步表现出来的。在门捷列夫的塑像下刻着"献给门捷列夫周期律发现一百周年"，同时刻着发现的日期。

　　纪念碑的台座是四角形的。左边应是那些为周期律的发现做过准备工作的科学家的浮雕。按时间的先后顺序，依次是英国科学家波义耳和牛顿，俄国科学家罗蒙诺索夫，法国化学家拉瓦锡，德国自然科学家马尔涅，英国科学家道尔顿，瑞典科学家贝采里乌斯，意大利科学家阿伏伽德罗，德国科学家德贝莱纳和米彻尔里希，法国科学家安培、热拉尔、杜马、尚古多，英国化学家奥特林和纽兰兹，俄国化学家克劳斯和阿夫捷耶夫，德国化学家什特列凯尔、赖森、本生和迈尔。

在底座的后面应该雕上与门捷列夫同时代的那些科学家，他们用自己的发现证实了门捷列夫周期律以及门捷列夫的预言。他们的工作，按门捷列夫的说法，是巩固了周期律。他们是法国化学家勒科克·德·布瓦博德朗，瑞典科学家尼尔逊及彼得森，德国化学家温克勒，俄国化学家、门捷列夫的学生波蒂利齐和古斯塔夫松，英国科学家卡尔涅里、拉姆塞和克鲁克斯，捷克化学家、门捷列夫的朋友勃拉乌涅尔，德国化学家拉乌里和泽伊别尔特，英国化学家托利和特拉弗斯。

在基座的右边应该雕上那些用自己的发展使周期律的应用从化学领域扩展到物理学领域的科学家。他们是英国物理学家汤姆孙和卢瑟福，法国物理学家贝克勒尔和皮埃尔·居里，波兰化学家玛丽·居里，德国物理学家伦琴、普朗克、爱因斯坦。接着应该是周期律的发展者：丹麦物理学家玻尔，波兰物理学家法扬斯，英国物理光学家莫塞莱、阿斯顿、索迪和拉谢尔，荷兰物理学家范德布洛克和考斯杰尔，匈牙利化学家赫维西，德国科学家索末菲、诺达克和诺达克·塔凯，瑞士物理学家鲍利，苏联物理学家费尔斯曼，美国物理学家西博格，德国物理学家哈恩和斯特拉斯曼，苏联物理学家库尔恰托夫和弗列洛夫以及其他一些科学家。

罗列这么多科学家的名字，为的是强调元素周期律的伟大发现具有国际性，同时也强调了元素周期律的多学科性。这样做丝毫不会减少苏联人的骄傲，因为虽然促成世界的物质科学这一发现是由我国的同胞做出的，但这一发现在世界范围内经历了长期的科学思想进步的准备过程，而不单单在我们的国家。单凭一个人的力量，像鲁滨孙那样，科学家是不能为科学做出这么大的贡献的。为了对科学做出巨大的贡献，需要很多研究者甚至好几代科学家共同努力。

门捷列夫本人也明确表达过上述看法，而且应该把他的这些话刻在纪念碑的基座上："周期律的广泛应用……只不过是说明了这一新的自然定律深入化学现象的本质，而我，作为一个俄国人，引以为荣的是，我参与了这一定律的创建工作。"

我们在这里所说的这些话，显然只作为有关设计纪念碑蓝图的一种构想，绝不是作为已经定型的方案的建议。对于我们来说，重要的是申述了这样的思想，证明了建立独一无二的颂扬门捷列夫科学勋业的纪念碑是可能的，也是必要的。

毫无疑问，对纪念碑设计图案的广泛讨论，无论对于化学家还是对于雕塑家，一定会起到抛砖引玉的作用。我真诚地希望，一个有着独特风格的纪念碑应该配上一个伟大的发现，门捷列夫周期律当然就是这样一个受之无愧的伟大的发现。

第三节　邮票

集邮爱好者们都知道，每张新邮票问世的时候，他们是多么高兴。特别是当新邮票的发行与某个著名的日子有关的时候，情形更是这样。作为一个过去的（儿童时代的）集邮爱好者和化学史家，我热烈支持邮电部的工作人员发出的请求并帮助呼吁：为纪念周期律发现 100 周年设计一套纪念邮票。

　　我提出了两种邮票方案，设计了两张纸面的毛样。第一枚邮票反映了周期律发现的那一天。长方形的邮票被分成两个部分，一部分是门捷列夫 1869 年的肖像，另一部分是一小块门捷列夫手写的元素表，它是从 1869 年 2 月 17 日准备寄往印刷厂排版的那张表上制取的。第二枚邮票上的元素表反映的时间就晚些，当时门捷列夫的第一批预言已经应验，而且门捷列夫周期律在科学中的地位已经得到巩固。第一枚邮票的右边是雅罗申科 1886 年绘制的门捷列夫的彩色肖像：科学家的胳膊正支在写字台上。显然，这是他发现周期律那天的情形。在邮票的左边印着套色的横眉：三个元素——Al = 27.4、"？ = 68"、Ur = 116。先用黑色，再在后两个数字旁边印上两个红色的数字，用来表示它们的修正值，这些修正值是门捷列夫在布瓦博德朗发现镓的基础上得出的。原来写的"？ = 68"又被红色的 Ga = 69 重新掩盖。此外，铟和铀的原子量和位置都改变了。

　　看起来，这个横眉作为门捷列夫创造的象征，不但反映了周期律发现的事实，而且也反映了周期律的重要结果：修正了一些元素的原子量并且预言了一些还没有被发现的元素。

图 33　印有门捷列夫肖像的纪念邮票

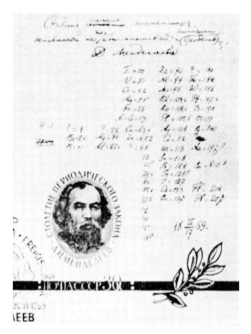

图 34　印有元素表和肖像的纪念邮票

邮电部的工作人员和设计邮票的艺术家采用了我的两个方案
（见图 33 和图 34）。面值 6 戈比的那枚是和我的第二个方案相
一致的。面值为 30 戈比的那枚带有一大块元素表，它是在周
期律发现的那一天门捷列夫寄往印刷厂的那个表的一部分。这
样一来，不是像我建议的那样，一枚邮票由两部分构成，而是
总的分成了两枚邮票：一枚是带有肖像的，另一枚是肖像与一
大块元素表的组合。可惜的是，这枚邮票上的门捷列夫肖像不
是 1869 年的肖像而是周期律发现后的肖像。

代结束语

对测量的兴趣

我打算对门捷列夫科学创造的一个非常重要的特点进行详细探讨，并以此来代替结束语。这一特点，像一根红线，贯穿于他的全部理论和实践的活动。也正是这个特点，奠定了周期律发现的基础。这个特点就是他对整个测量过程的强烈兴趣，也包括对被测量的物质性质的兴趣。从此，他特别注意一切数量的关系。正是由于这个原因，门捷列夫和与他同时代的许多化学家不同，他总是把元素的那些能够测量的和可以用数量来表示的性质摆在首位。

在周期律发现前夕，门捷列夫在《化学原理》（1868）第一章中写道："如果没有精确定律的发现……就不能期待我们的科学理论有更大的成就。对数量关系单一的研究（在今天已构成化学研究的主要对象）并不能促成化学的基本任务的解决，而且永远都带有片面性。但是必须指出，这个片面性不但为历史上的原因所决定，而且也为事情的实质所决定，因为定量的关系比定性的关系更加简单。"①

　　门捷列夫看到克服这个片面性的道路就在于去寻求并发现新的更加精确的自然定律。在关于周期律的第一篇论文《元素的性质和原子量的关系》中，他指出，在建立元素系统的时候必须遵守某个被精确确定的原则。在早先的一些元素系统中，几乎都缺少数量关系，如同门捷列夫所说的那样，"任何一个建立在精确观测的数值基础上的系统，当然比没有数值依靠的系统更受到重视，因为在这样的系统中，是很少有任意性的余地的"。②

　　其次，门捷列夫指出：有关化学元素用数表示的资料非常有限，而且只有少数元素的数值资料是确定的。更主要的是，几乎所有这些资料阐述的都不是元素自身的性质，而是游离态的元素也就是处于单质状态的元素的性质，而且很多单质的性质是极其不同的。门捷列夫说："我们之中任何人都明白，在游离态的单质的性质完全改变的时候，某种东西是不变的，而在元素向化合物转变的时候，这种物质的某种东西就成为包括该元素在内的化合物的特性。在这方面，直到今天只知道一种数值资料数据，那就是元素所固有的原子量。按照事物的实质来说，原子量的大小就是我们刚才所说的那个'某种东西'，它与各个单质的本身的状态无关，而与某个游离态的单质和它所有化合物共有的那部分物质有关。例如，原子量不为煤和金刚石所拥有，而只为碳所拥有。"③ 正是由于这个原因，门捷列夫才致力于在原子量大小的基础上建立元素系统。

---

① 《门捷列夫全集》第 13 卷，第 95 页。
② 《门捷列夫全集》第 13 卷，第 17 页。
③ Д. И. 门捷列夫：《化学原理》第 2 卷，第 941 页。

　　于是，从发现的最初开始对化学元素的性质进行精确测量并在此基础上建立未来的元素系统，是门捷列夫思想上的出发点。化学元素性质的可测性变成了一个标准，可以用它来弄清楚在建立系统时特别是在对系统进一步研究的时候该元素的这一性质是否合适。在科学家所存的科学文献中找到了一份门捷列夫在发现的那一天所起草的手稿。这份手稿证明了，门捷列夫从第一次的笔记到最后一次的笔记中都首先运用原子量，并力图找到原子量之间的数值关系。

　　在周期律发现后不久，门捷列夫开始寻找可以作为原子量的函数的那些元素的性质。只有在这种情况下，原子量才能够在周期律的函数式中起到论据的作用。1869 年 8 月，经过一个春天和一个夏天的连续研究，门捷列夫找到了表现为原子体积的原子量的那个物理学函数。它们的数值周期性地发生变化：一会儿随着原子量的增加而增加，一会儿又随着原子量的减少而减少。

　　过了不久，也就是在那年秋天，门捷列夫又发现了原子量的化学函数——元素在氧化时的最高原子价（或者像门捷列夫所说的，氧化物最高的或极限的形式）。它表现在元素的最高成盐氧化物的组成中，表现出来的结果是，这个"形式"在数值上由 1（碱金属）变化到 7（卤素），然后在向下一个周期过渡的时候重新降为 1。在这之后不久，门捷列夫发现，铁族之中的某些元素（钯和铂）构成最高成盐氧化物 RO_4。当然，这里氧化物的组成达到了 8 个氧当量。这样，便产生了一个短的元素表（8 个格子的表），这个表成了周期律的一种经典形式。

　　1871 年初，《化学原理》第一版出版，门捷列夫在最后一章中写道："化学的主要意义就在于研究元素的基本性质。这既是因为元素的本性对我们来说还不完全清楚，又是因为我们所知道的仅是它们的两个可测量的性质：构成已知化合物形式的能力，以及它们被称为原子量的性质。那么只剩下一条认识它们的可靠道路。"[①] 这条道路就是在这两个性质的基础上对元素进行比较和研究。由此，门捷列夫找到了自己的周期律的表达方式，它表明元素的物理性质和化学性质与原子量之间存在周期性的依赖关系，像数学中所说的那样，它们形成了原子量的周期函数。

关于元素的可测量的（而不是某些其他的）性质之间的相互关系的想法以及它们与其他全部性质的依赖关系的想法，是贯穿门捷列夫那些阐述周期律的所有著作的一根红线。但是，从测量结果中他不仅看到了反映在抽象数值关系中的数量方面，而且也看到了和数量方面有一定联系的质量方面。把化学元素从而也把任一物质的这两个方面联系起来的观点，是门捷列夫有关元素和周期律学说的重点。事实上，度量概念不仅包括数量的因素，而且必然包含质量，正如黑格尔所说，度量是物质和对象一定数量和一定质量的统一。例如，原子量就不只是从数量上确定元素的任何一种性质的一个简单的数目字，同时还表示这个数目字及其大小完全属于在质量方面被确定的元素。所以，这个数目字好比是质量上的数量。根据这一点，是把元素周期系作为特殊的度量关节线应用于化学元素的。

由于那时的化学家在测量结果中多半只看到数量的方面，

---

① Д. И. 门捷列夫：《化学原理》第一版。

所以在《化学原理》第三版（1877）前言中门捷列夫写道："有关化学转化数量方面的知识，远远超过了质量关系的研究。对这两个方面联系的研究，按照我的意见，可以使化学家们从现代大量的但多少有点片面的资料储备的迷宫里走出来。这样的联系为元素系统奠定了基础，而我的一切叙述都是服从于这个系统的。"①

当说到周期律的发现史时，门捷列夫指出，关于元素的相同和相似的所有概念永远是相对的，将永远失去其明确性和精确性。他接着说："当然，在那些不能测量的地方，不得不以近似和比较为限，这些近似和比较是以表面的、不显著的和缺少精确性的特征为基础的，但是元素有不容置疑的和可以被精确地测量的性质，这一性质反映在它们的原子量中。原子量的大小，表明了原子的相对质量，或者，如果避开原子的概念来说的话，原子量的大小表明了组成化学个体的质量之间的关系。而根据我们全部的理化知识的含义，物质的质量正是它的这样一种性质，物质其余的全部性质依赖于物质的这个性质，因为这一切性质都是由类似的条件或者是由那些在吸引中起作用的力来决定的，而这个吸引与物质的质量成正比，所以找寻元素的性质和相似性与它们原子量之间的关系是最近便或最自然的了。而按照元素的原子量的大小来排列元素的这一基本思想就是这样的。"②

化学单位的概念，就像任何普通的尺度，是被用作测量某个物体或过程的单位，正好反映了与我们测量物体或过程相适

---

① Д. И. 门捷列夫：《化学原理》第三版。

② Д. И. 门捷列夫：《化学原理》第三版，第847页。

应的度量的概念。测量的结果在它的数值形式中反映的不是别的，而是被测量的物体与那个测量的尺度之间的关系（测量的单位），所以这个结果就能够以一定的数字反映出来。这样，对于原子量来说，开始时道尔顿采用氢的原子量（H＝1）作为这样的测量单位，而后用氧的原子量的 1/16 作为测量单位。

门捷列夫在原子量中看到了那些在宏观物体之间相互吸引时所表现出来的重力，但是他并没有把在分子和原子中表现出的那些吸引的关系转化为纯力学的关系。他看到了在原子世界的领域（或在微观世界）物体的相互关系和我们见到的宏观世界物体的相互关系的性质的差别。能够证实这一点的是门捷列夫在 1872 年 10 月俄国物理学会代表大会上非常有趣的发言，这个大会是在他完成周期律的研究工作后不久举行的。门捷列夫在仔细分析了贝尔用扭秤的方法（米歇尔和卡文迪什方法，1842）来测定地球的平均密度的实验之后，建议"用实验的方法来检验牛顿定律在微小的距离上对那些化学成分和质量都不同的物体能否成立，人们至今都认为牛顿定律在小距离上对所有的物体都是正确的，因而也用它来核算结果，但是对这一点至今尚未有实验证明"。会议记录接着写道："按照门捷列夫先生的看法，有理由怀疑牛顿定律在近距离上对各种不同的物体的完全适用性。可以认为牛顿定律是一个只是在大距离上才精确的极限定律。为了证实或推翻这个可能的假设，就必须设计新的合适的实验。况且，当问题涉及对于一切物体都是同一的万有引力和对于各种物体各不相同的但只能在不能测量的小距离上发生作用的化学吸引之间的相互关系时，尤其是这样。"①

这里，我们已经看到，门捷列夫力求更进一步深入自己发现的定律本质。这种意向使他必然去对比较普遍的测量的问题进行研究，其中首先是测定物体的质量和重量，并且是在特殊条件下（在小距离上）进行的。他的发言，显示了一种洞察那些研究度量衡数据的人们的薄弱方面的巧妙本领，也显示了他对事物本质的深刻理解，还显示了他在设计新的测量仪器方面惊人的发明才能。

1893 年，在圣彼得堡主持度量衡总局的工作时，他的这一才能得到了更大的发挥。

1886 年，门捷列夫又回到《论与周期律有关的物质的统一》一文中宣布的那个想法。在会议记录中提到，门捷列夫现在像他在创立周期系的时候那样，同意周期律中已经指出的："外力与内力的联系。仅在极小距离上起作用的内力决定着物体的化学关系和物理性质。而质量（重量）是由在任何距离上都发生作用的引力来决定的，所以在周期律中应该首先看到对自然界的力的统一性规律的应用。"②

他对不同物体的物理性质进行的测量研究是多方面且是和周期律联系在一起的。1871 年，为了确定稀土元素在周期表中的位置和寻找他预言的类硅元素，门捷列夫回到自己在圣彼得堡大学的实验室从事化学实验研究，但当时并没能得到明显的结果，于是他停止了这些实验，着手进行稀薄气体压强研究。在他的工作日记中，有关化学实验的最后记录是 1871 年

① Д. И. 门捷列夫：《周期律补充材料》，第 417 ~ 418 页。
② Д. И. 门捷列夫：《周期律》，第 438 页。

12 月 11 日写的。而 12 月 14 日写的第一份记录的内容则属于完全不同的另一个研究领域——稀薄气体研究。似乎很难理解，他为什么在这么短的时间里把已经基本定型的科研方向放在一边，而着手进行好像跟周期律没有联系的工作。但这件事远非如此，由一个领域转向对另一个领域的研究正是周期律所要求的。事实在于元素系统是从当时已知的元素中最轻的氢开始的。但在 1871 年门捷列夫就考虑到，除了氢以外，可能还有一种无比轻的气体元素，而它是如此轻，以至于至今仍未被发现。而根据门捷列夫的看法，宇宙以太或者光以太可能就是这样的最轻的和最稀薄的气体元素。关于以太的概念当时被物理学家广泛用来对光现象进行理论的解释。假如这个以太能够在自然界中的某个地方被发现，那么元素周期系就必须从以太开始，而不是从氢开始，这样便可以在把以太微粒作为在极小的微观尺度中赋予引力性质来研究时得以理解引力的本性。门捷列夫就是这样想的。

他在自己的一张元素表的横眉上写道："以太是最轻的吗？其大小得用实验来确定。"① 他由氢向上画了一条线，这条线表明，如果以太被发现，那么这个假设的以太就应占据氢上面的位置，想必这是因为以太的原子量比氢的原子量小很多。但是，按照门捷列夫的看法，以太是一种非常轻和稀薄的气体，那么到什么地方去找这个宇宙以太呢？当门捷列夫觉得用化学研究的方法对稀土元素在周期表中的位置的问题，以及在未知元素的发现的问题上进行的研究已没有希望很快能得到积极的结果之后，他便由这些局部的问题转到普遍的、带有根

---

① Д. И. 门捷列夫：《科学文献》，复印件 29 号。

本性的问题也就是转向引力以及与引力有联系的宇宙以太的问题上来。

显然，在这条道路上等待他的是更大的失望，因为根本不存在宇宙以太，更没有门捷列夫想象的那种以太（拥有一定的，尽管是非常小的原子量的化学元素）。然而，由于研究了稀薄的气体，门捷列夫在这个领域做出了宝贵的贡献，充分地施展了其制造独创的、异常精巧的测量仪器的才能。

1902 年，在《宇宙以太的化学概念初探》一文中，门捷列夫回忆说："从 70 年代起，从化学的意义上说以太到底是个什么东西？这个问题一直纠缠着我。这个问题和元素的周期律有着密切的联系，这才使我兴奋起来。但只是在今天我才决定说出这一点。起初我曾设想以太是极限状态下的稀薄气体的总和。为了得到有助于寻找答案的某种暗示，我在小压强的条件下做了一些实验。但我没有声张，因为最初的那批实验结果不能使我满意。对于这个问题，我今天的回答是不同的，但它同样不能完全满足我的要求。但是，在我没有经过深思熟虑和没有可能继续进行实验尝试之前，我还乐于保持沉默。"

在较早的《论大气顶层的温度》一文的报道中（1875 年在俄国物理学会代表大会上所做的报告），有一些关于门捷列夫的创造性思想发展的有意义的资料。在谈到自己的那些报道题目的时候，门捷列夫后来（1899）说道："这个问题使我忙得不亦乐乎，它和我的稀薄气体的研究有关，而这些工作是为解决光以太本性的问题的。我在这里取得了某些成绩，但没有发表。有个时期我开始研究航空术，由此又研究了介质的阻抗。所有这一切都处于有机的联系之中。"①

对度量衡问题的研究，特别是对测量物体重量和对周期律做进一步的研究与在圣彼得堡大学进行的化学实验之间也存在这样的有机的联系。在作为度量衡总局领导人的时候，门捷列夫对实验技术和测量仪器都给予很大的重视，借助这些仪器他解决了一些和周期律有关的问题，其中有很多是早就摆在他面前的问题。例如，1870 年秋季，当时他刚刚得出关于必须改变铟的原子量的逻辑结论。他在论文《论铈在元素系统中的位置》的一份草稿中写道："为了最终证明改变铟的原子量的大小是正确的，我力图得到铟钒并接着确定它的热容量，但是至今仍然徒劳无功。当我有了少量这样的金属的时候，我制作了一个特别小巧的水银热量计和一个空气量热计。正在做这个准备的时候，我收到了本生的文章。文章中说，他已测定了铟的热容量，而这个热容量的数值正好符合周期律中我所指明的那个值。"②

门捷列夫亲自动手测定铈的热容量，而且他得到的结果正好符合理论的预言。这个有趣的例子说明，为了做那些和周期律有关的实验，门捷列夫是怎样亲自动手制造新的测量仪器的。

因此，在对周期律进行的全部巨大的研究工作中，有一根红线把元素性质的周期性和元素性质的可测性这两个问题联系起来。而且，元素性质的可测性往往既表现在理论观点上又表现在实践观点上。第一种情况是指对元素性质测量结果的应

---

① 《门捷列夫档案》第 1 卷，1951，第 63 页。

② Д. И. 门捷列夫：《科学文献》，第 130 页。

用，特别是元素的原子量和它们氧化时的最高化合价的应用。第二种情况是指发明和设计测量元素（准确地说是单质）性质的仪器。

门捷列夫在《化学原理》第八版第一章"元素的相似性和周期律"中说道："为了能够做出正确的判断，不但需要某些质的特征，而且也需要某些量的特征，也就是说必须测量。当某一性质必须测量的时候，这一性质就不再带有任意主观性的特征，而是比较客观。"正如我们所看到的那样，门捷列夫把同晶现象、化学上相似的化合物的比容、成盐化合物的组成及元素的原子量的重量比值，都归于元素及其化合物的可测量的性质之列。

我们似乎可以用这样的话来总结科学家所经过的全部漫长的道路：先从四个方面向元素周期律的发现逼近，接着便是周期律的发现，最后同样从四个方面对周期律进行加工整理，（正是通过确定可测量的性质之间规律性的依赖关系才弄清周期律的实质）。

我们引用门捷列夫的一段话作为结束语，从中我们可以看到他是怎样说明科学方法的特点的，其中包括从科学认识的全过程的观点来看待测量手段。"从科学的含义上说，研究意味着以下几点。（1）不但要极其认真地表达或者简单地描述，而且能认清所研究的问题和已知的知识之间的相互关系，这些已知的知识或者是从实验和日常生活的认识中得到，或者是由过去的研究得来，也就是说，要善于借助已知的知识去确定和表述那些未知的性质。（2）对于那些能够测量和必须测量的量，都要进行测量。要表明所研究的问题与已知的知识、时间范畴和空间范畴、温度、质量等方面的数量关系。（3）在利用质量的或是数量的资料的时候，要确定所研究的问题在已知的系统中的位置。（4）根据测量，找到各个变量的凭经验可知的（经验的、看得见的）依赖关系（函数关系，有时候说是'定律'）。例如，成分依赖性质，温度依赖时间，性质依赖质量（重量），等等。（5）就所研究的问题及其与已知的知识之间的关系，或者就所研究的问题与时间范畴、空间范畴之间的因果关系提出假说或假设。（6）用实验来检验假说的逻辑结论。（7）建立所研究的问题的理论，也就是说把所研究问题的结果和存在结果的那些条件，作为一个已知知识必然的结果推导出来。"①

上述见解证实了门捷列夫应用的科学研究方法对周期律的发现和加工整理过程的影响。在这一大规模研究的所有阶段，测量问题及关于化学元素性质测量数据的概括和理论完善问题经常被提到首位。换句话说，门捷列夫对度量衡问题的研究，特别是在测量元素的性质方面的研究，都属于周期律研究的劳动成果。反之，这些从规律发现开始时取得的劳动成果依赖对物质的可测量性质的研究，依赖对度量衡的普遍问题的研究。这里，两个研究对象之间存在深刻的有机联系，这一联系是门捷列夫把他对科学的兴趣和科学活动的各个阶段连在一起的一种形式。开始他担任圣彼得堡大学无机化学教研室主任（1867～1890），而后任度量衡总局局长（1893～1907）。这就决定了科学家生活和活动的两个时期——"大学时期"和"机关时期"，而这两个时期都是由同一根红线有机地联系在一起的。

由于这个原因，就不能把门捷列夫所从事的度量衡工作视

---

① Д. И. 门捷列夫：《化学原理》第八版，第 405 页。

作某种与周期律的研究完全无关的东西。

这就是伟大科学家科学活动内在链条的一个环节，在他那里"一切都处于有机的联系之中"。

两个名字

现在，当本书接近尾声时，我想援引一个生动的例子来说明列宁是怎样看待门捷列夫的。关于这件事的经过，当然是很简短的。这件事是列宁的一位亲密的战友 B. Д. 邦奇·勃鲁耶维奇逝世前不久说出来的。把列宁的名字和门捷列夫的名字并列在一起，是有深刻意义的。

在我分发门捷列夫关于"化学卫队"那封信的那一年，苏联科学院出版社出版了一本由 O. Д. 特里罗戈娃·门捷列娃写的一本书，书名为《门捷列夫和他的一家》（1947）。这本书的前言是这样开头的："1918 年人民委员会办公室主任 B. Д. 邦奇·勃鲁耶维奇对我说，列宁委托他转告我，作为门捷列夫的女儿，应该把我对父亲的全部回忆写出来，因为门捷列夫一生中的任何一个特点都不应该被忘记，它们都是具有社会意义的。"

可惜的是，我在 5 年之后才见到这本书。这时，门捷列娃已去世。我决定请勃鲁耶维奇解释一下当时的情况。1952 年初，苏联科学院为了研究和出版门捷列夫的著作成立了一个委员会，于是我就写了一封信给勃鲁耶维奇。在信中，我请他详细说明门捷列娃在书中所说的有关列宁的那个片段，并且也请他把从列宁那里听到的有关门捷列夫的一切都告诉我。在这封信中，我也简要地把我们从 1949 年 1 月开始进行的研究和出版门捷列夫科学遗产的工作向他做了汇报。1952 年 2 月 19 日，他给我写了回信：

> 敬爱的鲍尼伐基·米哈依洛维奇，您的信我刚刚收到。可惜，我不能满足您的要求，因为从列宁那里我没有听说过有关他对门捷列夫的任何特别的意见。
>
> 列宁把门捷列夫视为非常伟大的科学活动家。他在回忆门捷列夫的时候，也很关心门捷列夫一家。他请那些和门捷列夫有过交往的人，把自己的回忆都写下来。他还说，所有这一切回忆都应该尽快出版。列宁对于各种各样的回忆录、日记、信件及所有书信体的文献都给予极大的注意。他经常说，这一切文献对于研究时代、个人、团体和政党都是很重要的资料。
>
> 列宁一向主张这些作品应尽快地出版，而他本人也喜欢专心致志地阅读这些作品，有时他还喜欢写点书评，就像他对待苏哈诺夫的回忆录那样。列宁说，这个人"不是我们"的人，但是他写出了关于二月革命最初日子的极为有趣的回忆录。
>
> 列宁督促门捷列夫的女儿写关于自己父亲的回忆录，于是她就按照列宁的主张去做了。
>
> 列宁不止一次说过，必须出版门捷列夫全集，其中应该包括门捷列夫的一切手迹。
>
> 对于您所关心的那个问题，我所能告诉您的就是这么一点儿。祝您在您的非常重要的工作中取得圆满的成就。
>
> В. Д. 弗·邦奇·勃鲁耶维奇

　　我现在还珍藏着这封信。这封信说明了很多问题：列宁不仅对门捷列夫的著作而且对有关历史事件包括科学史方面的全部文献和资料都做了高度评价。列宁对这些文献颇感兴趣，他建议要很好地把这些文献收集和保存起来并对它们进行研究，因为对这些材料的仔细研究（显然是批判地）能使我们对已经过去了的事件有深入的了解。依照列宁的看法，这些文件不应作为死的东西躺在档案馆中而应该出版，尽快和广大读者见面。

　　遗憾的是，门捷列娃在书中没能把她父亲最主要的东西讲出来。在书中，她很少把门捷列夫作为科学活动家、社会活动家、深谋远虑的思想家、出色的教育家和为发展国家生产力孜孜不倦奋斗的战士来叙述。她只注意那些琐碎的纯属于生活方面的事情，特别是门捷列夫的私生活和他的家庭琐事。显而易见，这一切都没有深刻的科学意义和社会意义。当然，列宁并不是叫她写这样的回忆录。毫无疑问，列宁首先关心的是门捷列夫生活和活动中的那些具有重大社会影响的东西，这些东西就可以写好几本书。

　　诚然，就是列宁本人也曾多次碰到过贯穿门捷列夫的科学和生产技术创造中的一些问题，虽然列宁当时可能不知道使他感兴趣的这些思想最初在什么人的头脑之中产生过。现在我们举两个发生在 1913 年的令人惊奇的例子。

　　1913 年的春天，列宁针对英国化学家拉姆塞的发现——在煤层中直接制取煤气，写了一篇评论文章——《一个伟大的技术胜利》。列宁写道："这样，现代技术的一项伟大的任务就快要得到解决了。这个任务的解决所引起的变革是巨大的……拉姆塞的发明是在这个可以说是资本主义国家最重要的生产部门

中的一个巨大的技术革命……但是这一变革对于现代资本主义
制度下整个社会生活的影响，与这一发明在社会主义制度下所
能产生的影响是绝对不能相比的……资本主义的技术的发展越
来越超出那些必然使劳动者处于雇佣奴隶地位的社会条件。"①

但是，列宁显然并不知道早在拉姆塞之前门捷列夫就提出
了把煤在地下气化的想法。拉姆塞也一向认为自己是门捷列夫
的学生，他正是以自己的老师为榜样去做的。他的做法也和当
时还未发现惰性气体（氖和其他）时门捷列夫预言的做法一
模一样。可以想象，假如列宁知道被他如此高度评价的和引起
了工业中革命性的变革的科学技术革命思想的真正创始人是谁
的时候，他该多么高兴啊！昏庸的沙皇政府一向是以官僚主义
和漠不关心的态度来对待"幻想教授"门捷列夫的（沙皇政
府以讥讽的态度来评价他的重要科学技术规划和科学预测）。
由于这个原因，诞生于俄国的这些思想却往往在西欧或者美洲
国家中得到实际应用。

第二个例子是关于物理学方面的。列宁不止一次注意到电
子的理论，同时他还把 19 世纪末那些伟大的发现和电子理论
联系起来研究。"自然科学中最新的革命"就是从这些伟大发
现开始的。在《马克思主义的三个来源和三个组成部分》
（1913 年春）一文中，列宁指出："自然科学方面的最新发现，
如镭、电子、元素转化等，不管资产阶级哲学家们那些'重
新'回到陈旧腐烂的唯心主义去的学说怎样说，都灿烂地证
实了马克思的辩证唯物主义。"②

---

① 《列宁全集》第 19 卷，第 41~42 页。
② 《列宁全集》第 19 卷，第 2 页。

在《卡尔·马克思》一书（1914）中，列宁再一次引证了那些发现。在《哲学笔记》一书中，列宁也不止一次提到电子（1914～1915）的发现。事实上，无论是元素的转变还是对原子的电子结构的解释，都是于1913年在门捷列夫的周期系中找到的。正是这个周期系使人们开始深入那些在当时还完全令人费解的物理现象的本质。当时，如果列宁知道伟大的唯物主义者门捷列夫的思想甚至在他死后仍然使陈腐的唯心主义遭到致命的打击，知道门捷列夫的思想再一次证实了马克思的辩证唯物主义的话，那么列宁的反应就可想而知了。

对于十月革命以后开始的那个重要的时期，在俄罗斯整个历史上第一次为实现门捷列夫的重要科技规划和意图创造了现实的条件，对于这个时期还要说点什么呢？我要预先声明，门捷列夫原打算实现的东西和现在所发生的一切是完全不同的，他幻想俄国走上资本主义自由发展的道路，从而在这条道路上实现他的"朝思暮想的信念"。幻想毕竟是幻想。虽然如此，但门捷列夫伟大的和真正始终如一的对科学技术的乐观主义（国家工业化和化学化的宏伟蓝图），是符合十月革命后开始的历史新时期的要求的。而列宁正好在他开始制订那份著名的包括国民经济问题研究的俄国科学院的工作计划的那一年想起了门捷列夫，这并非偶然。这样一条看不见的线索把列宁的工作和门捷列夫的思想与发现联系在了一起。我再说一次，列宁不可能知道关于门捷列夫的发现和思想对自然科学和技术发展产生的全部客观影响的细节。尽管如此，列宁还是以自己的天赋敏感地预料到门捷列夫的影响实际上是巨大的，但是也看到这个影响产生的作用在很大程度上还没有被仔细地研究。在我看来，这就是为什么在苏维埃政权建立的第一年，尽管列宁超负荷地工作，但他还是抽出时间来督促门捷列夫的女儿把他父亲的那些有社会意义的内容都写出来。

从上面谈到的情况来看，勃鲁耶维奇在信中提到的旁证，对于从事科学史和某个科学家的创造活动研究的人来说，有着特殊的意义。这是我把列宁和门捷列夫两人的名字并列在一起的原因。

由于在思想上注意到了那些年代发生的事件，现代的科学家和青年学生能够从发现的历史分析中，从门捷列夫的档案材料中获得新的促进力量，以便对那些涉及科学创造过程的（其中包括科学发现的理论）辩证逻辑规律以及科学史上最现实和最有意义的问题进行仔细研究。我们完全有理由这样说，门捷列夫的发现，既不是已成为遥远过去的存在，也不是科学史上早已被翻过的一页，而是完全适用于当今现实的重要文献资料。

原译后记

苏联学者凯德洛夫的名字也许今天的年轻人已感陌生，在中国 20 世纪 50～70 年代成长起来的学者中间，这个名字却是学术和智慧的象征。在那个时代里，苏联学术界对中国的影响是巨大的。在马克思列宁主义哲学、自然辩证法、科学技术史、科学哲学、科学方法论等学科领域，凯德洛夫被学者们仰为泰山北斗，他的研究成果以新颖的观点开一代风气之先，独领风骚达半个世纪之久。《科学发现揭秘——以门捷列夫周期律为例》直译应为《伟大发现的微观剖析——献给门捷列夫发现周期律一百周年》，是根据莫斯科科学出版社 1970 年版本译出的。凯德洛夫以门捷列夫周期律为研究课题已有多年，在这方面著述甚丰，这本书是他从事此项研究的代表作。凯德洛夫在书中以门捷列夫周期律为案例剖析了整个科学发现的规律，因之我们的中文版书名是切中要害的。

人们知道，门捷列夫周期律是科学史上举世皆知的基本定律，它的发现过程和方法是颇具特色的。在对门捷列夫周期律的研究方面，苏联学者无疑占有资料方面的优势。这些年来，苏联学者和世界上对此有兴趣的专家为了探讨门捷列夫周期律发现的规律和方法发表与出版了大量的学术论文和研究专著，不少人以这个为研究课题获得了硕士或博士学位，凯德洛夫在这方面的高深研究，早已为人所共知。在这本学术专著中，凯德洛夫就是利用他占有的最新资料，综合他自己多年来的研究成果，采用了完全新颖的研究方法，从哲学、科学方法论、心理学、逻辑学等方面进行多学科和不同角度的仔细分析研究。且不说这项研究的成果会对认识整个科学发现的规律有多么大的参考价值，单就凯德洛夫的研究方法而论，其对我们也大有裨益。这就是我们决心把它介绍给中国读者的原因。读者从这本书中可以领略这位一代学人的风采。

本书附有大量珍贵的门捷列夫手稿、照片和插图，是一本史料丰富、图文并茂的参考书。

此书于 1981 年由广州中山大学教材科出过油印译本，由胡孚琛和田乃吉二人合译。这次重译，田乃吉先生来信表明不再参加。本书部分章节由山东大学外文系关引光同志审阅，我们在翻译过程中得到山东大学有关专业老师以及谢彦红、李正蕙等同志的热情帮助，在此我们对上述同志表示衷心感谢。此外，由于水平所限，书中难免会出现错误，因此诚恳地希望广大读者、同行和专家对译文中的不妥之处给予指正。

王友玉　胡孚琛
1985 年 6 月于济南山东大学

译稿出版后叙

科学和教育的兴旺关系一个民族自立于世界民族之林的百年大计，关系国家的长远利益。科学和教育不能等同于现实社会的政治斗争，把科学和教育当成社会上政治路线斗争工具的短期行为必然会给科学和教育造成伤害，从而在历史上造成不可挽回的损失。因此说，"科教兴国"战略是一个英明的决策。

1964 年我在南开大学化学系读书时，俄语教师是一个面目白皙、有些秃顶的中年人，名叫林震宇。几节课后，我感觉林老师对我特别亲近，他提问我时眼睛里总闪着友善的光，后来我才明白那是因为记分册上我入学成绩较高。这使我有机会和他接近，他建议我早点转入专业俄语的学习，因为煤气灯、烧杯、化学试剂等单词毕竟更实在一些。林震宇老师无权改变教材安排，却引导我阅读普希金的抒情诗集。我在中学时代就钟情中国古文和诗词，这次发现俄语原来也这样美，普希金的诗歌激发了我的性灵，竟也在日记本上写了百余首诗歌。

杨石先老师在恢复南开大学校长职务后于 1979 年在《南开大学学报》（哲学社会科学版）上发表了一篇文章，题目是《科学需要民主》。法治以自由为根基，科学以民主为条件，社会民主是科学发展的土壤，这是血的教训。杨石先教授曾任西南联大教务长、中国化学会理事长，是我国教育界德高望重的一代名师。让我们重新读一读这位老科学家、老教育家的文章吧！

也是在 1979 年，我在杨石先老师的帮助下走进广州中山大学花团锦簇的校园，硕士生导师是物理学家黄友谋教授和哲学家张华夏教授。终于迎来了"科学的春天"，教育要"面向世界，面向未来"的口号也深入人心。导师张华夏教授从北京带来凯德洛夫这本著作的俄文版复印件，要我和田乃吉同学翻译出来。那时我和稍大几岁的田乃吉师兄年方少壮、精力充沛，一个学期就抽空译完，并于 1981 年由中山大学教材科油印出版。张华夏老师选择这本书可谓独具只眼，他希望中国的科学工作者和青年学生以此培养创造性思维的灵感，又使我们从这位苏联科学家那里接受一次科学方法论的训练。这本书的内容和中国"科学的春天"的形势呼应得多么紧啊！

1982 年底，我决定选择离家乡最近的山东大学作为安家的终焉之地，当时该校正筹备成立出版社，李庆臻教授兼任社长，这本译稿被安排为该社准备出版的第一批图书之一。但我没有立即将那本油印译稿交给他，而是想再仔细重译一遍。山东大学是中国有着优良学术传统的名牌大学，历史上有不少著名学者在此任教，我在那里整整待了两年。我以为，大学的生命全在这个"大"字，只有像蔡元培先生那样敢于创造一个大环境，传播大文化，才能培养出做大学问的学者。山东大学的学生是优秀的，齐鲁子弟得而教之，是当教师的幸运，我开设的"自然科学史""控制论、信息论、系统论""科学哲学"等课程学生踊跃选修，我至今忘不了那一张张聪明而淳厚的笑脸。后来我决定离开山东大学报考中国社会科学院博士研究生，由于我选报的是中国哲学的道家与道教专业，从自然科学改为人文学科，导师王明研究员又限取英语和日语考生，我英语水平差，只能以日语应试，因此须挤时间补习文科日语词汇。当时我已重译完前四章，田乃吉师兄来信说不参加重译，我用心良苦地邀请山东大学俄语教研室主任王友玉教授合译此书，以免我离开后出版落空。不久我果然得到"录取通知书"，遂商定由王友玉教授主持和出版社交涉并处理译稿未尽事宜。王友玉教授俄语水平比我高，是一个忠厚尽职的合作伙伴，他为此书推敲字句，催促出版，历尽几多寒暑。然而，我走后译稿的出版在山东大学出版社一拖再拖，李庆臻教授也早已调离山东大学。

　　一晃又过去十几年，我在中国社会科学院从一个博士研究生成了带博士生、留学生的教授，这真应了山东快书的唱词："日月如梭催人老，光阴不觉暗中消。"在中华民族即将随着浩浩荡荡的世界潮流跨入新的千年纪元之际，"科教兴国"的伟大战略增强了学者的信心，形势呼唤凯德洛夫这本书早日在中国问世。幸得社会科学文献出版社决定出版译稿，我将此译稿从济南调到北京后又做了文字加工，中国社会科学院哲学研究所所长陈筠泉教授应出版社之邀审校了全部译稿。陈筠泉所长在苏联留学期间是凯德洛夫的学生，他给凯德洛夫的夫人致信授权我们翻译出版此书，重新唤醒了人们对这位杰出思想家的美好回忆。以上都是我和王友玉教授应当感谢的。

胡孚琛

识于中国社会科学院哲学研究所

1998 年 7 月 5 日夜

附记：时间又匆匆过去4年多，现已退居二线的陈筠泉教授将他看过的译稿交到我手中。这本书是在中国社会科学院原副院长刘吉教授和何秉孟、黄浩涛、章绍武、韦利莉、谢寿光、杨群等负责同志的关照下才得以出版的，谨向他们深表谢意。这本书从初译、重译到送出版社，整整花了23年的时间。而今我已不复昔日的热情，回头再读4年前写的这篇后叙，自觉语言过于沉重，可也无心情重新改写。好在陈筠泉先生写的《序言》为此书增色不少，他详细介绍了凯德洛夫的生平、著作及思想，这使本书的出版对这位苏联学者具有纪念意义。凯德洛夫生活在苏联特定的历史时期，但其科学家兼哲学家的思想早已超越他生活的时代，至今仍闪烁着智慧的光芒。这是一本跨世纪的书，旨在启迪更多的新一代中国青年学者迈向科学创新之路。本书能最终付梓，要特别感谢我的朋友、北京外国语大学肖维佳先生和俄罗斯彼得堡科学院的基木先生，是他们帮我联系到凯德洛夫的女儿凯德洛娃·吉娜·鲍尼伐吉耶夫娜。2002年7月29日凯德洛娃和凯德洛夫·米哈伊尔·戈尔诺维奇在"授权声明书"上签字，才使这本书终于呈现在读者面前。此书是凯德洛夫为纪念门捷列夫定律发现100周年而作，而其中译本出版又恰值凯德洛夫诞辰100周年（2003年），仅以此书献给凯德洛夫的子女们。

2002年10月21日又及。

附 记

　　原译著由社会科学文献出版社 2002 年 12 月出版以来，时光悠悠，至 2021 年，不知不觉过了 19 个年头。此书本是凯德洛夫为门捷列夫化学元素周期律发现 100 周年写的，而我们翻译出版此书恰逢苏联哲学家凯德洛夫百年诞辰。当年苏联权威的哲学家大多是凯德洛夫的学生，此译本曾由苏联大使馆推荐到苏联去展览。

　　我毕业于南开大学化学系，1979 年考取中山大学副校长、物理学家黄友谋教授的研究生，张华夏教授也是导师之一。张华夏教授早年在苏联留学，他对凯德洛夫非常熟悉，他知道凯德洛夫本身也是化学家，对门捷列夫的研究著作并非只一本，包括《一项伟大发现诞生的一天》等著述。张华夏老师选定这本书可谓独具只眼，因这批研究生中仅有我一人是学化学的，故张老师将此书的翻译交给了我和田乃吉师兄。我和田乃吉师兄冒着酷暑忙了两个学期，中山大学出版社 1981 年油印出版。1982 年冬我被分配到济南山东大学文史哲研究所任教，所长李庆臻教授正筹备创立山东大学出版社，将此书安排为该出版社的第一本书。1984 年我在南开大学校长杨石先老师和钱学森院士的安排下，决定报考中国社会科学院王明研究员的博士研究生，当时我在油印本的基础上重译了前四章，就匆匆找到山东大学俄语教研室的王友玉教授，在原译稿的基础上重译后面各章，并由他主持在山东大学出版社出版。我到北京后得知王友玉在山东大学没能完成此事，李庆臻教授也调任青岛大学当校长了。因此我不得已将译稿调到北京，由家人将王友玉教授在中山大学油印版上的改笔誊清一遍，交由中国社会科学院哲学所所长陈筠泉研究员审校一遍并写了序言。此译本的翻译付出多人繁重的劳动，称作千锤百炼也不为过。

2019 年是门捷列夫元素周期律发现 150 周年，看现在的化学元素周期表，令人叹为观止。周期表中已有 118 个元素，包括镧系元素和锕系元素，还有同位素，如此复杂的系统，门捷列夫在 150 年前仅发现 70 多个元素，竟然排列出化学元素周期表，这需要何等超人的智慧啊！真正能剖析门捷列夫周期律之谜的，显然是凯德洛夫这本书。历经 19 年，我国的高等院校和科研单位已换了一代新人，这些年轻学者需要门捷列夫的创造智慧，这就是我们决定在 2021 年出版此书的原因。

没料到此译本的出版竟然磨难重重，原来我只要求改动一个字，却要依规重新申请书号并重新排版。好在责任编辑把原责任编辑张绍武先生遗失的材料找了出来，又锲而不舍地将全书精校一遍，此书原定在 2019 年出版，但拖到了 2021 年。

记得 1997 年 7 月海峡两岸学术研讨会期间台湾学者吕继增教授赠我一首诗："灵均遗风在，香草合美人。欣逢孤抱客，即席赋华琛。"20 多年匆匆过去，我已近八旬高龄，仍保留着学者的良知和傲骨。而今我和中国社会科学院的学者一样宅在家里，这使我想起柏拉图的"洞穴之喻"。在希特勒统治下的德国，连海德格尔这样的大哲学家都臣服纳粹，而他的恋人和学生汉娜·阿伦特却逃了出来。汉娜·阿伦特在黑暗中给人类带来光明。他剖析了极权主义的根源和"平庸之恶",展现了哲学家的惊世智慧。哲学是人类智慧的精华,哲学家是不应拒绝陈寅恪先生"独立之精神,自由之思想"的。这次新冠肺炎疫情将人们推向死亡的边缘,使我们这个民族一度遭遇了生死的考验,全世界都将面临数百年未有的大变局。在灾难过后,中国将以崭新的姿态出现在世界的东方。凯德洛夫这本书无疑也受了时代的限制,而门捷列夫思想的光辉将在中国发扬光大。

胡孚琛

识于中国社会科学院哲学研究所

2021 年 5 月 1 日

图书在版编目（CIP）数据

科学发现揭秘：以门捷列夫周期律为例／（苏）凯
德洛夫著；胡孚琛，王友玉译 . -- 北京：社会科学文
献出版社，2021.10
  ISBN 978 - 7 - 5201 - 8010 - 8

  Ⅰ.①科⋯ Ⅱ.①凯⋯ ②胡⋯ ③王⋯ Ⅲ.①化学元
素周期表 - 研究 Ⅳ.①O6 - 64

中国版本图书馆 CIP 数据核字（2021）第 032193 号

科学发现揭秘
　　——以门捷列夫周期律为例

著　　者／〔苏〕Б.М.凯德洛夫
译　　者／胡孚琛　王友玉
校　　者／陈筠泉

出 版 人／王利民
组稿编辑／宋月华
责任编辑／孙美子
文稿编辑／肖世伟　李月明
责任印制／王京美

出　　版／社会科学文献出版社·人文分社（010）59367215
　　　　　地址：北京市北三环中路甲 29 号院华龙大厦　邮编：100029
　　　　　网址：www. ssap. com. cn
发　　行／市场营销中心（010）59367081　59367083
印　　装／三河市龙林印务有限公司

规　　格／开本：889mm × 1194mm　1/32
　　　　　印张：9.125　字数：207 千字
版　　次／2021 年 10 月第 1 版　2021 年 10 月第 1 次印刷
书　　号／ISBN 978 - 7 - 5201 - 8010 - 8
著作权合同
登 记 号／图字01 - 2021 - 5584 号
定　　价／89.00 元

本书如有印装质量问题，请与读者服务中心（010 - 59367028）联系